·博物君导读版·

权威恐龙大百科

ENCYCLOPEDIA OF DINOSAURS

主编/邢 卓

天地出版社 | TIANDI PRESS

《权威恐龙大百科》

博物君导读小报

- ＿＿＿月＿＿＿日　开始阅读　　阅读难度：☆☆☆☆☆
- ＿＿＿月＿＿＿日　结束阅读　　喜爱程度：☆☆☆☆☆

▌阅读目标

□ 掌握恐龙的基本分类知识　　　　□ 了解不同种类恐龙的习性

□ 学习有关恐龙化石的基本常识　　□ 增加知识储备，培养探索精神

▌阅读建议

时间安排

建议用四周时间完成本书的阅读。

第一周

通读第一章至第三章。了解恐龙的分类，恐龙化石的发现、挖掘和研究。认识恐龙中的一大类——蜥臀目恐龙（蜥脚类、兽脚类）。

第二周

通读第四章至第六章。认识恐龙中的另一大类——鸟臀目恐龙（鸟脚类、甲龙类、剑龙类）。

第三周

通读第七章和第八章。认识鸟臀目恐龙中的角龙类、肿头龙类。

第四周

通读第九章和第十章。了解与恐龙同时代的其他动物（爬行类、蛇颈龙类、早期鸟类等）。

本书知识路线图

阅读与思考

1
恐龙生活在哪个地质时代？关于恐龙灭绝的假说有哪些？

2
所有恐龙可以归入哪两大类？谁是最聪明的恐龙？

3
里约龙靠什么协助消化食物？恐爪龙是怎样捕食的？

4
最古老的恐龙化石是什么？谁是最小的恐龙？

前言

恐龙是中生代的爬行动物，它们在横空出世后不久就凭着巨大的身躯和凶猛的脾性君临天下，称霸地球达1.6亿年之久。自从19世纪中叶发掘出第一具恐龙化石，人们便对这一动物充满了好奇。

为了给少年儿童提供更加丰富的恐龙知识，我们特意编撰了这本《权威恐龙大百科》。本书共分十章，第一章"恐龙概述"主要讲述了恐龙的分类、恐龙化石的发现、挖掘及研究；第二、三章总体介绍恐龙中的蜥臀目恐龙。蜥臀目恐龙是恐龙的两大类群之一，由植食性的蜥脚类和肉食性的兽脚类共同组成。第四章到第八章讲述的是恐龙的另一大类鸟臀目恐龙。鸟臀目恐龙种类繁多，千姿百态，但按其体形上的特点可分为鸟脚类、甲龙类、角龙类、剑龙类和肿头龙类五个大类。第九、十章则介绍了与恐龙同时期的一些其他古生物。

本书详细介绍了恐龙的各种知识，编排科学，体例严谨，配有大量精美的图片，使得恐龙及整个地球生命的起源和演化过程栩栩如生地呈现在读者眼前。前所未有的海量恐龙相关知识，令人震撼的实景图、构造图……将带给少年儿童一段精彩而惊险的科学之旅。

目录

44-103

第三章
兽脚类恐龙

兽脚类恐龙包含了所有已知的肉食性恐龙，一般被当作好斗的典型。

第一章

恐龙概述

Diyizhang

　　恐龙生活在什么时期？恐龙家族到底有多少成员？它们是如何繁衍生息的？最后又如何灭绝？这些问题是我们了解每一种恐龙前都要先了解的。在本章，我们从恐龙所生活的时代、恐龙的家族、恐龙的生活形态以及恐龙的灭绝几个方面入手，让您对这个神秘的物种有一个直观的认识。古生物学家们对恐龙的研究，其实也就是对恐龙化石的研究。恐龙化石的形成是一个复杂而漫长的过程，它牵涉恐龙的死亡和灭绝，也与地球亿万年的风云变幻息息相关，而它的发现和挖掘也同样不易。鉴于恐龙化石在恐龙研究中所起的重要作用，本章用了一定的篇幅来介绍恐龙化石的形成、发现、挖掘、重建和复原，以及在化石研究中的一些重要步骤。

恐龙时代

恐 龙生活的年代在2.25亿~0.65亿年前，这也正是地质史上的中生代时期，包括三叠纪、侏罗纪和白垩纪三个纪。当时人类还未出现，所以恐龙是我们这个星球上最高等的动物。中生代也是地球史上一个重要的变革时期，地球在此期间发生了重大的变化，恐龙等古生物经历了起源、发展、鼎盛的阶段后，由于白垩纪末期著名的物种大灭绝事件而灭亡，恐龙时代随即结束。

苏铁是中生代的代表植物

三叠纪

三叠纪约始于2.5亿年前，结束于2.03亿年前，是整个地球发生重大变化的时代，也标志着中生代的开始，恐龙正是在这个时期出现的。因为没有独立而相互分隔的气候区域刺激恐龙朝不同方向演化，所以中生代初期，恐龙的种类并不多，体形也小，到了中生代中期，恐龙的体形才显著变大，并出现了一些新的种类，这个物种的发展才渐趋成熟。

生活在侏罗纪晚期的美颌龙

侏罗纪

侏罗纪约开始于2.03亿年前，结束于1.35亿年前，是中生代的第二个纪。侏罗纪得名于位于法国、瑞士交界处的阿尔卑斯山区的侏罗山。在侏罗纪时，最早的鸟类出现了，哺乳动物也开始发展。这一地质时期的气候对恐龙的繁衍十分有利。在中生代，哺乳动物还处于进化的早期阶段，恐龙基本上没有任何竞争的对手，所以它们迅速占领了各个大陆，理所当然地成为生物界的唯一霸主，演化出繁多的种类，进入了鼎盛时期。

白垩纪

　　白垩纪是中生代的最后一个纪，约开始于1.35亿年前，结束于6500万年前。它是以一种灰白色、颗粒较细的碳酸钙沉积物——白垩来命名的。在这一时期，新生的动植物种类纷纷出现，恐龙种类从喜欢集体狩猎的恐爪龙到大型肉食性恐龙——暴龙一应俱全，还出现了新的植食性恐龙，发展到了它的鼎盛时期。但是到了白垩纪末期，在一次重大的灭绝事件中，恐龙及当时大多数生物都从地球上消失了。

生存于奥陶纪时的普罗米所鳗

地质年代

　　地质年代就是各种地质事件发生的时代。它通过地壳上不同时期的岩石和地层在形成过程中的时间和顺序，把自地球形成行星的阶段结束以来的全部时间划分为抽象的时间单位，按延续时间递减的顺序，依次分为宙、代、纪、世。每个地质年代单位应为开始于距今多少年前、结束于距今多少年前，这样便可计算出此单位共延续了多少年。各个不同的地质年代大都保存有古代动、植物的标准化石。

地球刚形成

地质年代的划分

地质年代表		
代	纪	世
新生代	第四纪 (175万年前~现在)	全新世
		更新世　晚
		更新世　中
		更新世　早
	第三纪 (6500万~175万年前)　新第三纪	上新世
		中新世
	老第三纪	渐新世
		始新世
		古新世
中生代	白垩纪(1.35亿~6500万年前)	晚白垩世
		早白垩世
	侏罗纪(2.03亿~1.35亿年前)	晚侏罗世
		中侏罗世
		早侏罗世
	三叠纪(2.5亿~2.03亿年前)	晚三叠世
		中三叠世
		早三叠世
古生代	二叠纪(2.95亿~2.5亿年前)	晚二叠世
		早二叠世
	石炭纪(3.55亿~2.95亿年前)	晚石炭世
		早石炭世
	泥盆纪(4.1亿~3.55亿年前)	晚泥盆世
		中泥盆世
		早泥盆世
	志留纪(4.35亿~4.1亿年前)	晚志留世
		中志留世
		早志留世
	奥陶纪(5亿~4.35亿年前)	晚奥陶世
		中奥陶世
		早奥陶世
	寒武纪(5.4亿~5亿年前)	晚寒武世
		中寒武世
		早寒武世
隐生宙	元古代	
	太古代	

恐龙家族

恐龙大约是在三叠纪中期出现的，到了三叠纪末期，它们成了地球生命的统治者。根据对地质、化石和出土遗物等资料的研究，这个称霸地球的生灵曾有一个庞大的家族。在侏罗纪，蜥臀目恐龙占据着主导地位；到了白垩纪，鸟臀目恐龙取代了蜥臀目，白垩纪后期，鸟臀目中的鸭嘴龙类和角龙类已成为最常见的植食性恐龙。在距今6500万年前，这些动物几乎都消亡了。

板龙的头

种类繁多的恐龙

埃雷拉龙
南十字龙
腔骨龙
鼠龙
始盗龙
三叠纪时的恐龙

异齿龙
马门溪龙
剑龙
嗜鸟龙
莱索托龙
侏罗纪时的恐龙

暴龙
萨尔塔龙
尖角龙
埃德蒙托龙
恐爪龙
白垩纪时的恐龙

恐龙的种类

至今为止，人们已在全世界七大洲都发现过恐龙的遗迹。由此可见生活在中生代的恐龙分布范围之广、数量之多。据科学家推测，生活在地球上的恐龙很可能在1000种以上，但是恐龙时代和我们相距太遥远了，目前科学家们所了解到的恐龙大约只有350种，没有人能确切知道地球上到底出现过多少种恐龙了。

恐龙的分类

根据臀部结构的不同，所有恐龙都可以归入蜥臀目和鸟臀目两大类。大部分的蜥臀目恐龙都具有往前突出的耻骨，而鸟臀目恐龙的每根耻骨都向后倾斜。除臀部结构不同外，两类恐龙在生活及行为特征上也不一样。蜥臀目恐龙包括以四肢行走的植食性蜥脚类恐龙，以及几乎所有用两肢行走的肉食性兽脚类恐龙。鸟臀目恐龙全部是植食动物，以四肢或两肢行走。

"恐怖的蜥蜴"

"恐龙"这个词是由英国古生物学家理查德·欧文在1841年创造的。那时，他正在研究几块大化石，这些大化石看起来像蜥蜴的骨头，却比蜥蜴的骨头要大得多。欧文断定这些化石一定是世界上一种已经灭绝了的动物留下的，他把这种动物取名为"Dinosaur"，意思是"恐怖的蜥蜴"，但是在中国和日本，古生物学家则把这种动物称为"恐龙"。

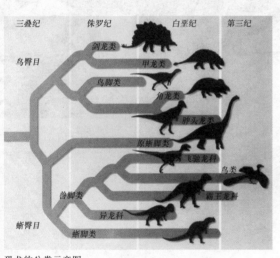

恐龙的分类示意图

蜥臀目恐龙

蜥臀目恐龙是恐龙的两大类群之一。此类恐龙的重要特征包括颈部伸长、第二指很长，以及骨内有与肺部相连接的中空气囊。蜥臀目恐龙的掌部可以弯曲，加上骨头有空腔，使它们成为行动灵活且效率较高的掠食者。并且，原始蜥臀目恐龙有一根耻骨向前伸出，和其他羊膜动物类群相同，继承了早期蜥臀目祖先的原始特征。这类恐龙中的一些在白垩纪末期的大灭绝事件中存活下来，并进化成为鸟类。

鸟臀目恐龙

鸟臀目恐龙在颈部和牙齿上都有一些共同的重要特征：颈部较短，牙齿排列紧密，齿冠呈叶状，前齿骨的后缘有沟槽，因此下颌的两块前齿骨可以稍微转动。鸟臀目恐龙大都是植食性恐龙，也有少量是杂食性的。它们虽然有共同的祖先，但是却进化出不同的生活方式，如肿头龙类和角龙类都以两肢行走，而甲龙类则以四肢行走。

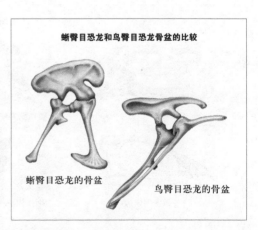

蜥臀目恐龙和鸟臀目恐龙骨盆的比较

蜥臀目恐龙的骨盆　　　　鸟臀目恐龙的骨盆

恐龙的生活形态

所谓生活形态，是指在现实生活中不同群体的生活类型，它不是针对个体而是针对群体而言的。就像现在的动物一样，恐龙也在以各自不同的方式生活。有些种类成群结队共同生活，有些则倾向于独来独往；有些是植食性，有些是肉食性；有些长于攻击，而有些则长于防御。我们只要了解了恐龙是如何觅食、争斗以及生育的，就基本上可以掌握它们的生活形态了。

觅食

　　植食性恐龙能够吃到的植物受限于它们的身高，所以有些小型的植食性恐龙为了吃到高处的植物叶子会以后肢站立。肉食性恐龙以植食性恐龙和其他动物为食。小型的肉食性恐龙如恐爪龙，主要是以猎食小型的植食性恐龙为生，然而如果它们集体狩猎，就可能猎获禽龙等比较大的猎物。不同的觅食方式也会从它们的颌部和牙齿上体现出来，例如，具有鳄鱼型嘴颚的重爪龙可能吃鱼，而没有牙齿的窃蛋龙或许会以蛋和贝壳为食。

雷龙
雷龙是植食性恐龙，长着长达6米的脖子，可以吃到树木高处的叶子

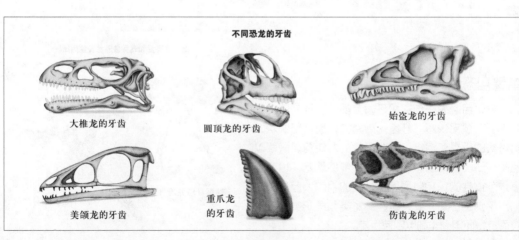

不同恐龙的牙齿

大椎龙的牙齿

圆顶龙的牙齿

始盗龙的牙齿

美颌龙的牙齿

重爪龙的牙齿

伤齿龙的牙齿

攻击

　　大部分兽脚类恐龙拥有锐利的牙齿和爪子，这是它们猎食的武器。暴龙之类的大型兽脚类恐龙会寻找落单的植食性恐龙并单独出击，而有些恐龙则会群体行动，锁定猎物后蜂拥而上，并用第二根趾头的脚爪割开猎物的腹部。但这些策略对嗜鸟龙等体形较小的猎食者并不管用，它们只会全力冲刺追捕蜥蜴等小动物，并用长着利齿的颌或有爪的手咬住或抓住猎物。

异特龙正在攻击一只落单的植食性恐龙

防御

　　一般来说，植食性恐龙都会有一些特殊的"装备"来对付肉食性恐龙的攻击，这种装备有时是坚韧的皮甲、骨棒或骨钉，有时是有力的尾巴。但是就大型的植食性恐龙来说，它们都会集体行动，一旦受到威胁，就会集体坚守阵地并予以反击。而如似鸟龙和棱齿龙等恐龙，因为没有什么防御能力，也不习惯群体行动，所以在遇到危险时就只好逃跑了。

埃德蒙顿甲龙的"防御装备"

生育和繁殖

原角龙与原角龙蛋

　　求偶、筑巢、产卵以及照顾下一代也是恐龙的生活内容。许多时候恐龙会把蛋产在泥或沙上的凹坑中，上面覆盖着植物或沙子。有些恐龙将巢聚集在生育区，而某些特殊种类的恐龙会年复一年地回到相同的筑巢地点。有些恐龙妈妈会留在巢边，以保护蛋和刚孵出的小恐龙，但也有些恐龙妈妈很不负责任，生下蛋之后就一走了之。

恐龙灭绝假说

白垩纪末期，地球上发生了最著名的大灭绝事件，几乎所有大型的陆栖动物以及不计其数的海洋无脊椎动物类群都消失了。这一事件对恐龙也意味着灭顶之灾，除了由肉食性的兽脚类恐龙所进化出的鸟类后裔存活了下来，其他的所有恐龙都销声匿迹了。但是这一包括恐龙在内的大灭绝到底是如何产生的，科学家们众说纷纭。

火山爆发说认为，火山喷出的岩屑挡住了太阳光，植物死亡了，吃植物的动物也随之死亡

暴龙和三角龙是最后的幸存者，但它们的生存处境也十分艰难

"自我毁灭"说

有些人认为肉食性恐龙吃光了所有的植食性恐龙，随后自己也饿死了。可是这种说法无法解释同时代其他生物为何灭绝。还有人认为随着时间的推移，恐龙演化成了一种古怪而又无法发挥其优势的形态，这种种族的退化导致了最后的灭亡。也有人认为是有缺陷的基因使得恐龙的蛋壳变薄，容易破裂，以及脑部萎缩导致愚笨。但是这些说法都不能让人信服。

生物竞争说认为，早期的显花植物很可能含有剧毒

生物竞争说

生物间的竞争导致了恐龙的灭绝这一说法也很流行。在白垩纪时显花植物开始出现，这些植物中很可能含有足以让恐龙丧命的剧毒，而其中的某种病毒导致了一场致命的大瘟疫。在这场瘟疫中，恐龙种群无一幸免。但是恐龙和植物的共同演化，使得这个论点缺乏必要的证据。

气候变化说

气候变化说认为，在白垩纪晚期，陆块的漂移、造山运动和海平面的改变引发了气候的巨变。浅海地区消失，远离赤道的地区气候变冷，四季变化也更加明显，这种变化可能彻底毁灭了许多恐龙和其他的动物。因为如果恐龙是冷血动物，那么气候变冷会使其生长的速度变得缓慢，从而导致恐龙绝种。

火山爆发说

火山爆发说认为，白垩纪晚期，地球上的火山活动十分剧烈。火山灰停留在天空中，使一部分太阳光不能抵达地球表面，同时，大量的二氧化碳和酸性物质也释放到大气中，这些物质会产生酸雨，使大气中能够阻隔致命太阳辐射的臭氧层出现大面积的空洞，这样，许多生物都死于致命的太阳辐射。

火山喷发时产生的烟雾会遮天蔽日

陨星撞击说

另外一种很有说服力的观点是，白垩纪晚期有一颗直径达15千米的小行星撞击地球，扬起的巨量尘埃和小水滴直达平流层。强风将这些尘埃和水滴吹到全球各地，导致了暗无天日与寒冷的暴风雨气候，这种气候导致了恐龙的灭绝。1980年，科学家们在白垩纪末期的岩层中发现了铱元素含量较高的矿物层，因为铱在地球上相当罕见，却普遍存在于陨石中，因此断定白垩纪末期地球确实遭受过陨石的撞击。

小行星撞击地球瞬间假想图

太空陨石

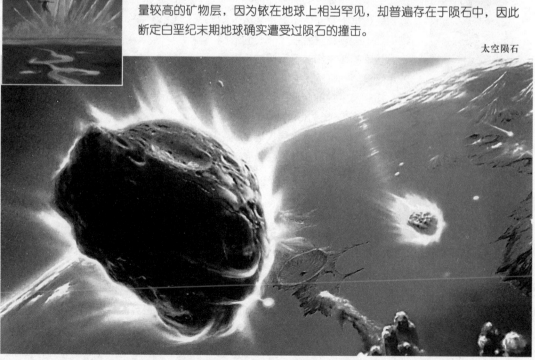

恐龙化石的形成

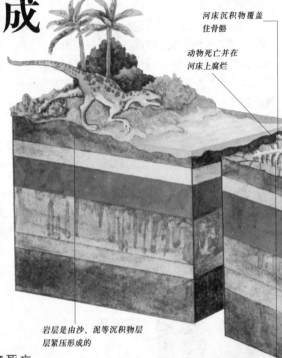

河床沉积物覆盖住骨骼

动物死亡并在河床上腐烂

恐龙死亡后，遗体或被食腐动物吃掉，或因细菌分解而腐烂，不过也有些死亡已久的恐龙遗骸被沉积物所掩盖，因而逃过灭顶之灾而成为化石。但是一百万只死亡的恐龙中能够有一只成为化石就已经不错了。恐龙死于水中、水边或沼泽地带时比较容易形成化石，这样恐龙身体中的软组织会因腐烂而消失，骨骼及牙齿等硬体组织沉没在泥沙中，在隔氧环境下，经过几千万年的沉积作用就可以完全石化而得以保存。

岩层是由沙、泥等沉积物层层紧压形成的

死亡与掩埋

一般来说，在生物死亡后，其尸体的柔软部分会因细菌和其他食腐动物的破坏而迅速分解。但是，如果恐龙死亡的时候能很快地被沉积物或水下泥沙所覆盖，那么沉积物中细小的颗粒就会在尸体表面形成一层松软的覆盖层。这可保护恐龙尸体免受食腐动物的侵袭，也可隔绝氧气，抑制微生物的分解。而如果恐龙死后遗体能够长时间地不受侵袭，

骨骼被掩埋在沉积物中，可以防止被地表的食腐动物侵害

琥珀中也能保存化石，上图就是琥珀中的甲虫化石

肉食性恐龙——暴龙的化石

上面的沉积物就会越来越厚，虽然每年堆积层仅增长几毫米，但是随着时间的推移，便足以完成石化过程。

石化过程

恐龙化石的形成主要有两种方式：最常见的一种是恐龙遗骸因沉积物的层层掩埋，其组成物质逐渐被矿物质所置换取代；另一种是恐龙遗骸先经过酸性地下水的破坏，接着再由矿物质填充，就如复制模型一样重现恐龙原来的形状。这两种石化过程都需要很长的时间。但是，也有一种可能，即在恐龙死后还没有开始腐烂时就开始经历石化过程，这样形成的化石可以将恐龙的血管、肌肉纤维，甚至羽毛都完整地保存下来。但是这种情况极为罕见。在恐龙遗骸石化的过程中，如果承受的压力太大，其形状也有可能会改变。

回归地表

在恐龙化石回归地表的过程中，还有许多危险。在成千上万年的石化过程中，周围的岩石可能会弯曲变形，这样化石就会被压扁。地壳底部如果有过多的热量到达岩层，岩层就会部分熔化，里面的化石也在劫难逃。逃过以上这些劫难后，还得有人赶在化石从周围岩层中分离前找到它，否则化石就会受到风雨侵蚀，从而碎裂，消失得无影无踪。

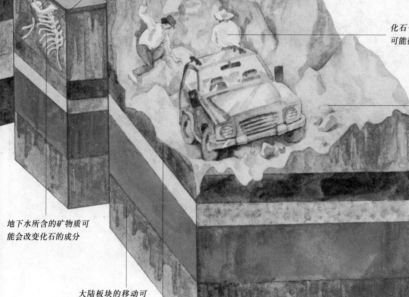

恐龙化石的形成过程示意图

随着化石上的沉积物越来越多，化石就可能会因压力而扭曲变形

细菌和其他地下腐蚀性物质也可能会破坏骨骼

化石一旦露出地表，就有可能被人发现

地表侵蚀与风化作用会让新化石不断出露

地下水所含的矿物质可能会改变化石的成分

大陆板块的移动可能会让化石离开原来的位置

许多露出地表的化石会因风与水的作用而受损

恐龙化石的类别

恐龙残体如牙齿和骨骼的化石是我们最熟悉的化石，这些都称为体躯化石，是我们研究恐龙最主要的资料。恐龙的遗迹（包括足迹、巢穴、粪便或觅食痕迹等）也有可能形成化石保存下来，这些则被称为生痕化石。生痕化石也能够给我们提供恐龙生前的情况，比如通过足迹化石我们可以判断出恐龙的大小、重量和脚的位置，也能鉴定出脚的主人属于哪种类型。

恐龙的生痕化石

蛋化石

足迹化石

粪便化石

恐龙化石的发现和挖掘

恐龙化石的发现是研究恐龙最关键的一步。化石大多保存在沉积岩中，在寻找化石时，需要先了解各种沉积岩以及它们的地质年代。在发现了恐龙化石的埋藏地点后，就要把化石挖掘出来。那些零星的小化石可能只需要一个人花上几分钟时间就能起出，但要将大块化石从坚硬的岩石中起出，就需要大批人员费时数星期或数月，动用各种机械工具才能完成。

美国古生物学家马许（后排中）曾经资助西部荒野化石探险队，并为许多化石命名

沉积岩在地层中的分布示意图

三角洲 沉积岩 深成岩（火成岩） 岩盖 沉积岩 岩脉

月谷

恐龙化石的埋藏地点

我们现在所发现的主要的恐龙化石埋藏地点有德国的索伦霍芬、阿根廷西部的月谷、蒙古戈壁沙漠的火焰崖以及中国云南的禄丰等。许多化石都保存在这些地方的沉积岩中，因为组成沉积岩的砂土微粒十分细腻，所以化石可以得到很好的保存。此外，冷却的熔岩表面的化石足迹也有可能保存下来，而永远冻结的地面，例如西伯利亚的永冻土，也可以很好地保存化石。

恐龙化石的发现

水、风或人类的活动都会导致蕴藏化石的岩石出露。侵蚀中的悬崖和河岸以及海岸都是寻找化石的好地点，因人类活动而使化石露出的地点，通常包括采石场、路边和工地。如果想要发现特定种类的化石，就要先找到特定年代和特定环境下沉积构成的某种岩石。在此过程中经常会用到地质图，地质图可以显示露出地表的不同类型或不同单元的岩石类型。

恐龙化石的挖掘

在恐龙化石的挖掘中，工作人员会根据面对情况的不同采取不同的挖掘方式。比如在某些沙漠地区，工作人员只要把上面的沙子清除，就能清理出骨骼来，但要挖掘埋在硬岩石里的大骨架，就必须得先使用炸药、开路机等铲平大半片山坡。在恐龙化石的挖掘中，大到推土机，小到铲子、锤子、牙刷、筛网等都可能用得上。

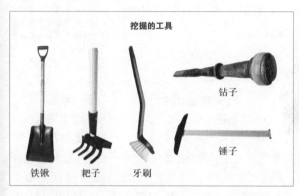

挖掘的工具

铁锹　耙子　牙刷　钻子　锤子

化石挖掘现场

测绘挖掘现场

人们在恐龙化石挖掘现场移除任何东西之前都会先用网络分区，经过摄影并精确测绘现场图，在不同的分区内找到的化石都要标示清楚，这个处理程序几乎和化石本身一样重要。记录挖掘现场的精确位置和彼此的相对位置，可以揭示标本恐龙当时的致死原因，以及这一化石为何会保存下来。

沉积岩中的砾岩

沉积岩

沉积岩是一种由沉积在河、海、盆地或陆地上的沉积物质经固结而形成的岩石。按其成因和物质成分可分为砾岩、砂岩、泥岩等。因为组成沉积岩的砂土微粒十分细腻，所以在沉积岩中常常能找到各种生物化石。许多沉积岩中也包含了圆形的团块，称为结核，结核是化学变化所生成的，通常是因为化石的存在。

出土和搬运

科学家将已经露出地表的化石编号、拍照，并且绘制出土的位置后，就要进行出土和搬运。化石在移动前要先进行稳定处理，有时只需要用胶水或树脂涂刷暴露的部分，有时则必须以粗麻布浸泡热石膏液做成绷带来包裹。小块化石可以收藏在样本袋中以免受损。大块化石或用石膏包裹，或在最脆弱的部位用聚胺甲酸酯泡沫来保护。

恐龙化石测绘现场图

恐龙化石的重建和复原

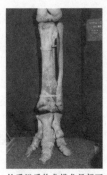

从重组后的龙栉龙足部可以看出，其化石在重组时尽量按照骨骼原来的组合方式固定了起来

寻找、挖掘作业只是认识恐龙化石的第一步，等化石运到实验室中，古生物学家就要将化石的保护外罩——除去，小心地取出化石并移除化石周围的石块。等这个工作完成后，还要将化石骨骼一块块地拼凑起来，重新构建出一副骨架，而复原的工作则是在骨骼上添加筋肉，使之重现生前的模样。等化石整修妥当，就可以研究其构造，揭示其中的秘密了。所以有时古生物学家花在实验室里的时间比花在野外的还长。

重组后的骨架

清理化石

在实验室里取出恐龙化石时需要特别小心，去除岩石、露出化石的精巧细部构造需要谨慎处理，也相当费时。在去除化石周围的岩石后，需要在化石上涂胶水和树脂来对化石加以保护。稀释后的乙酸或甲酸可以用来溶蚀化石周围的岩石，而不会伤及化石本身。但整个作业过程必须谨慎监视，因为有时酸剂会由内部将化石分解。

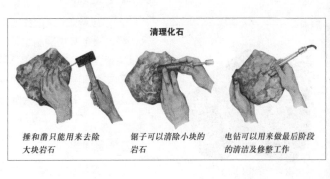

清理化石

捶和凿只能用来去除大块岩石

锯子可以清除小块的岩石

电钻可以用来做最后阶段的清洁及修整工作

重组

在弄清了某种恐龙骨骼的结构之后，人们就会尽可能地重组该副骨架。可是，很少有骨架能够完整地保存下来，所以博物馆的工作人员一般用玻璃纤维制作模型来代替失落的骨骼，再用厚实的棍棒来撑起沉重而矿石化的骨骼。现在我们能够看到的大部分大型的展示骨架也都是用质量较轻的玻璃纤维模型来代替失落的骨骼，并将细金属条隐藏其中来支撑架构的。

制作骨骼模型

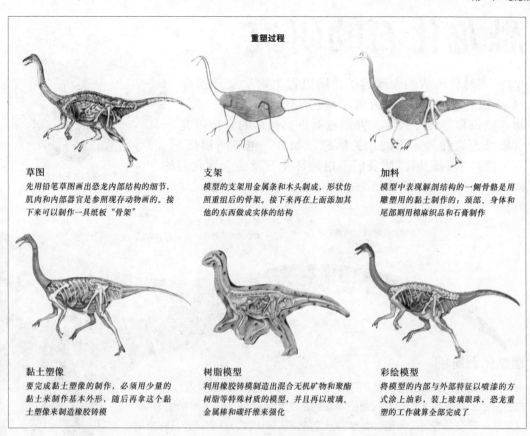

重塑过程

草图
先用铅笔草图画出恐龙内部结构的细节，肌肉和内部器官是参照现存动物画的。接下来可以制作一具纸板"骨架"

支架
模型的支架用金属条和木头制成，形状仿照重组后的骨架。接下来再在上面添加其他的东西做成实体的结构

加料
模型中表现解剖结构的一侧骨骼是用雕塑用的黏土制作的；颈部、身体和尾部则用棉麻织品和石膏制作

黏土塑像
要完成黏土塑像的制作，必须用少量的黏土来制作基本外形，随后再拿这个黏土塑像来制造橡胶铸模

树脂模型
利用橡胶铸模制造出混合无机矿物和聚酯树脂等特殊材质的模型，并且再以玻璃、金属棒和碳纤维来强化

彩绘模型
将模型的内部与外部特征以喷漆的方式涂上油彩，装上玻璃眼珠，恐龙重塑的工作就算全部完成了

恐龙皮肤的颜色

对于恐龙皮肤的颜色我们只能根据对现有动物的认识来推测。古生物学家认为，大型恐龙可能会有大象一样的土褐色皮肤，小一点的恐龙可能会有斑纹或斑点作为保护色。交配期间，雄性恐龙的头部与皮肤的部分区域可能会像现代鸟类一样显现出艳丽的色彩。

重塑

重组是将化石骨骼一块块地拼凑起来，重新建构一副骨架，而重塑的工作是在骨骼上添加筋肉，使之重现恐龙原貌。有关恐龙肌肉与肠子的线索可以参考极为少见的软组织化石、化石骨骼上的肌肉附着点，现存的爬行类、鸟类和哺乳动物的身体结构也可以作为参考，它们有助于研究恐龙内部器官的大小、外形、位置和构成腹部的肌肉情况。恐龙皮肤的构造则参照化石上的皮肤印痕。

学术研究

等化石完全准备妥当，古生物学家就可以描述化石的构造，并将其与相关或类似种类的恐龙做比较，如果有可能是新的属或种类，就要为这个化石恐龙起个新学名。拿新化石的特征和其他化石做比较，就可以把新化石纳入恐龙进化谱系之中，并提供某类群进化的新信息。研究成果一般写成论文公开发表。内容可能是对新恐龙的描述，或是重新评估某种早已认识的恐龙种类。

不同肤色的恐龙

恐龙化石的研究

恐龙时代离我们太遥远了，所以古生物学家只能通过化石的解剖构造来了解恐龙的生活方式、食物、成长和行为方式等，并通过对细部构造的分析研究收集恐龙进化谱系中的相关信息。如今，电脑断层摄影等先进技术的运用，使我们不用破坏化石就能看到化石的内部，而且也可以检视过去不可能看到的细微构造。

腔骨龙的骨骼化石

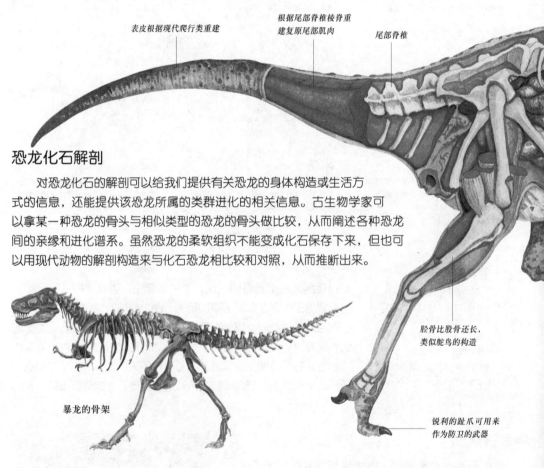

表皮根据现代爬行类重建

根据尾部脊椎棱脊重建复原尾部肌肉

尾部脊椎

恐龙化石解剖

对恐龙化石的解剖可以给我们提供有关恐龙的身体构造或生活方式的信息，还能提供该恐龙所属的类群进化的相关信息。古生物学家可以拿某一种恐龙的骨头与相似类型的恐龙的骨头做比较，从而阐述各种恐龙间的亲缘和进化谱系。虽然恐龙的柔软组织不能变成化石保存下来，但也可以用现代动物的解剖构造来与化石恐龙相比较和对照，从而推断出来。

暴龙的骨架

胫骨比股骨还长，类似鸵鸟的构造

锐利的趾爪可用来作为防卫的武器

恐龙的骨骼

恐龙骨架的功能主要在于支撑用来运动的肌肉，并保护大脑、心脏和肺等内部器官，以及安置制造血液的骨髓。不同类群恐龙的骨骼会有一些独特的特征，通过恐龙化石的头部骨骼就可以了解恐龙的感觉器官；通过恐龙化石的牙齿可以了解恐龙的生活方式。

眼眶后面巨大的颞孔可以减轻不必要的重量

板龙的头骨

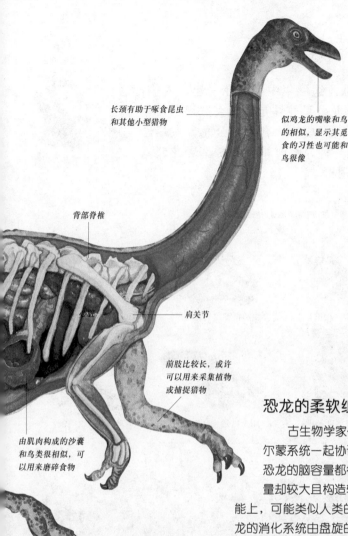

长颈有助于啄食昆虫
和其他小型猎物

似鸡龙的嘴喙和鸟
的相似，显示其觅
食的习性也可能和
鸟很像

背部脊椎

肩关节

前肢比较长，或许
可以用来采集植物
或捕捉猎物

由肌肉构成的沙囊
和鸟类很相似，可
以用来磨碎食物

似鸡龙的解剖构造模型

患癌症的埃德蒙托龙

古病理学

　　研究古代动物的疾病和所受伤害的学问称为古病理学，其研究主要是通过保存下来的动物化石进行的。比如说，如果化石动物的骨头出现病变或特殊的增长，就代表这个动物生前可能曾经患病或受伤。如果某个化石物种有许多个体经常性地出现某些特征，就可以推断出它们某一方面的生活情况。例如，古生物学家通过对化石的研究发现，埃德蒙托龙也会像人类一样患癌症。

恐龙的柔软组织

　　古生物学家们通过研究推断，交感神经系统和荷尔蒙系统一起协调恐龙身体的功能。绝大多数蜥脚类恐龙的脑容量都很小，有些小型的兽脚类恐龙的脑容量却较大且构造较为复杂。恐龙的心肺系统在执行功能上，可能类似人类的温血系统或爬行类的冷血系统。恐龙的消化系统由盘旋的肠子所组成，精子和卵也都经由泄殖腔排出体外。

先进仪器的运用

　　先进仪器的运用使恐龙化石的研究变得更为深入，这类仪器首次揭露了化石的微生物构造，可以协助人们更深入地了解恐龙的生活环境。古生物学家使用扫描电子显微镜，可以看到过去所观察不到的化石骨头细部；传统的X射线会把物体压缩成单一的平面，而电脑断层摄影可以不破坏标本就能看到化石颅骨的内部构造，并自动生成立体的电脑模型。

扫描电子显微镜

恐龙公墓

在世界的一些地方，大量恐龙遗骸集中埋葬在一起，人们把这些地方称为恐龙公墓。恐龙公墓往往是恐龙突然遭遇某些自然灾难大批死亡并迅速埋葬而形成的。在恐龙公墓，大量恐龙遗骸集中在一起，常常仅有一种，有时则有多种。恐龙公墓是恐龙留存至今的最有价值的遗产之一。

原开宁鸭嘴龙的头骨

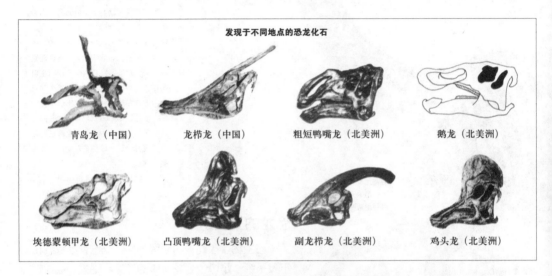

发现于不同地点的恐龙化石

青岛龙（中国）　　龙栉龙（中国）　　粗短鸭嘴龙（北美洲）　　鹅龙（北美洲）

埃德蒙顿甲龙（北美洲）　　凸顶鸭嘴龙（北美洲）　　副龙栉龙（北美洲）　　鸡头龙（北美洲）

加拿大艾伯塔省恐龙公园

　　艾伯塔省恐龙公园在加拿大西南部的艾伯塔省，位于靠近卡尔加里的雷德迪尔峡谷之中。艾伯塔省恐龙公园是世界上规模最大的白垩纪恐龙化石的集中地，也是世界上恐龙化石埋藏最丰富的地区之一，可以说是一个露天的恐龙博物馆，自19世纪80年代开始，人们已经在这儿获得300多架姿态不一的高质量恐龙骨骼，这些恐龙骨骼大约代表60种不同种类的恐龙。

美国犹他州被称为"恐龙之乡"

元谋恐龙公墓的一角

恐龙死亡墓地

1996年至2004年，古生物学家在中国云南元谋县姜则乡半菁村挖掘出一个大型恐龙化石群。在这里，几百个个体的恐龙集中在一起，形成了一个真正的"恐龙公墓"。这里的恐龙化石的年代从侏罗纪早期延续到白垩纪早期，生存年代跨度这么长的恐龙集中埋葬在一个层位上，引发了人们对于恐龙是否有集体或固定的死亡墓地的讨论。

自贡大山铺恐龙化石遗址

四川自贡是中国重要的恐龙化石产地。恐龙化石就埋藏在其市郊大山铺一带的侏罗纪早、中期地层中。经勘察，大山铺恐龙化石遗址化石富集区达1.7万平方米，共分为3～4个小区，仅在两个800多平方米的区域内就挖掘出恐龙个体化石近百个，完整的和较完整的骨架30余具。在这个化石群中，有相当一部分是新属新种，这在国内外同地质时代的地层中极为罕见。

自贡恐龙博物馆是继美国国立恐龙公园、加拿大艾伯塔省恐龙公园之后的世界第三大恐龙博物馆

自贡大山铺恐龙化石挖掘现场

美国国立恐龙公园

1909年，古生物学家厄尔·道格拉斯在美国犹他州东北部与科罗拉多州的交界处发现了一个恐龙公墓，挖掘出尾椎连在一起的8只恐龙。道格拉斯在其后的14年间，从这个化石坑中发现了侏罗纪晚期几乎所有的恐龙。美国便在此基础上建立了美国国立恐龙公园。

二连浩特恐龙墓地

二连浩特是中国内蒙古地区最早载入国际古生物史册的恐龙化石产地。在这儿发现的恐龙化石所占面积之大、数量之多，以及完好率之高是近百年来世界少有的。20世纪20年代，人们在这里挖掘出我国首枚恐龙蛋化石。1985年以来，这里又相继出土了300余件恐龙化石及恐龙共生物化石。其中在苏尼特右旗挖掘出的一具完整的恐龙化石身长21米，高6米，是亚洲最大、最完整的恐龙化石，被命名为"查干诺尔恐龙"。

第二章

蜥脚类恐龙

Di'erzhang

　　蜥脚类恐龙是蜥臀目恐龙的两大类群之一，生活在三叠纪晚期到侏罗纪晚期，包括从小型到极大型的植食性恐龙，其中包含了地球有史以来最重、最长的陆地动物。蜥脚类恐龙以两肢或四肢行走，一般有小头、长颈、庞大的身躯和长尾巴，并且在长期的进化中，其骨骼演化出了一些更能适应环境的特征。比如梁龙便是其典型代表，它颈部脊椎上的空洞使它在不影响骨骼强度的状况下减轻了身体的重量。除了梁龙外，著名的蜥脚类恐龙还有习惯在高处觅食的板龙、可能拥有8颗心脏的巴洛龙、头小颈长的腕龙以及拥有11米长的颈部的马门溪龙等。蜥脚类恐龙通常集体行动，在湖泊、沼泽、河流附近以植物的枝叶为食。

板龙

板龙是最早的植食性恐龙中的重要代表，其化石广泛发现于西欧各地。板龙有小头、长颈、庞大的身躯、硕大的拇指指爪，以及大而有力的后肢。在板龙出现之前，最大的植食性动物的身材也就像一头猪那么大，而板龙的身体有一辆公共汽车那么长。因为板龙的骨架化石经常成群被发现，所以古生物学家推测，这种恐龙就像现在的河马和大象一样过着群居的生活。

板龙的外形

板龙的身躯庞大，有着细长的颈部和厚实有力的尾巴。它的头部细小而狭窄，口鼻部较厚，而且有很多牙齿，下颌上的鸟喙骨以及扁平的颌部关节能够使咬合更有力量。板龙很可能需要用四肢行走，但有时也可直立。板龙有五根长短不一的指头，在行走时会像脚趾一样按在地上，但如果板龙想要抓住什么东西，就会弯曲自己的五根指头，向前抓握。

板龙
板龙直立时可高达4米，能够很容易地够到树上的叶子

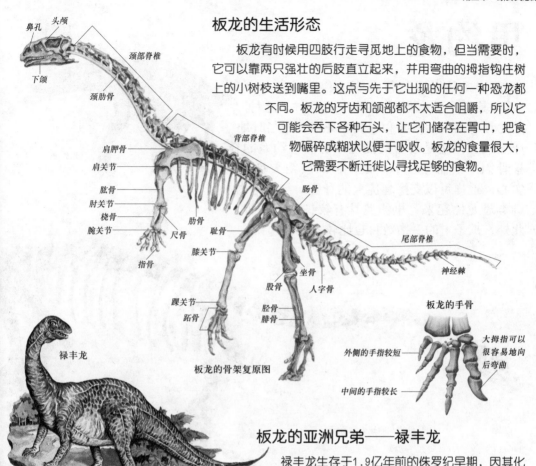

鼻孔
头颅
下颌
颈部脊椎
颈肋骨
背部脊椎
肩胛骨
肩关节
肱骨
肘关节
桡骨
腕关节
尺骨
指骨
膝关节
踝关节
跖骨
肠骨
肋骨
耻骨
坐骨
股骨
人字骨
胫骨
腓骨
尾部脊椎
神经棘

板龙的骨架复原图

禄丰龙

板龙的手骨

外侧的手指较短
中间的手指较长
大拇指可以很容易地向后弯曲

板龙的生活形态

板龙有时候用四肢行走寻觅地上的食物，但当需要时，它可以靠两只强壮的后肢直立起来，并用弯曲的拇指钩住树上的小树枝送到嘴里。这点与先于它出现的任何一种恐龙都不同。板龙的牙齿和颌部都不太适合咀嚼，所以它可能会吞下各种石头，让它们储存在胃中，把食物碾碎成糊状以便于吸收。板龙的食量很大，它需要不断迁徙以寻找足够的食物。

板龙的亚洲兄弟——禄丰龙

禄丰龙生存于1.9亿年前的侏罗纪早期，因其化石发现于中国云南省禄丰县而得名，根据出土的化石进行复原后的禄丰龙酷似板龙。禄丰龙主要以植物叶子或柔软藻类为食，多以后肢行走。如果遇到肉食性恐龙前来侵袭，禄丰龙便迅速逃跑。中国古脊椎动物学家认为禄丰龙有两个种，即许氏禄丰龙和巨型禄丰龙。

禄丰龙的外形

禄丰龙身体结构笨重，头骨较小，鼻孔呈三角形。许氏禄丰龙全长5.5米，站起来有2米高，颈部相当长，约为背长的$\frac{4}{5}$；巨型禄丰龙的体形要比许氏禄丰龙大三分之一。禄丰龙的长尾可以当作武器，还可以起到平衡身体前部重量的作用。并且在困倦时，它们还可以把尾巴拖到地上，与两条后腿构成一个相当稳定的三脚支架，然后就放心地休息。

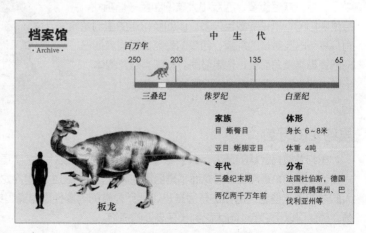

档案馆
· Archive ·

中 生 代

百万年
250　　203　　　　135　　　　65
三叠纪　　侏罗纪　　白垩纪

家族	体形
目 蜥臀目	身长 6～8米
亚目 蜥脚亚目	体重 4吨
年代	分布
三叠纪末期	法国杜伯斯、德国
两亿两千万年前	巴登府腾堡州、巴伐利亚州等

板龙

23

里约龙

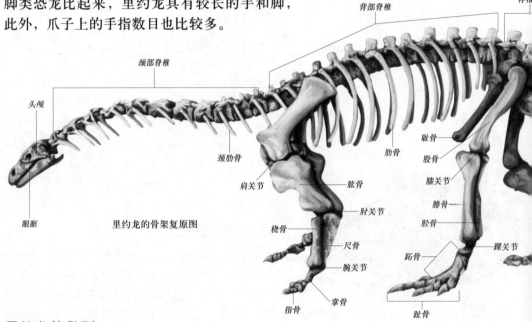

里约龙是以四肢行走的植食性恐龙，其名字的意思是"里约蜥蜴"。这种恐龙具有粗大的四肢和庞大的身体，是当时地球上最大型也是最重的陆生动物。里约龙的脊椎骨因中空而减轻了重量，但四肢粗大且为实心，这样可以支撑起庞大的身躯。与其他蜥脚类恐龙比起来，里约龙具有较长的手和脚，此外，爪子上的手指数目也比较多。

里约龙

背部脊椎　荐椎

颈部脊椎

头颅

颈肋骨

耻骨

肋骨

股骨

肩关节　肱骨

膝关节

眼眶

肘关节

腓骨

里约龙的骨架复原图

桡骨

胫骨

尺骨

跗骨

踝关节

腕关节

指骨　掌骨

趾骨

里约龙的外形

里约龙的头很小，颈部很长，尾巴较长。它的脊椎中空，可以减轻重量，四肢和大象的四肢一样粗壮，并且是实心的，爪子的数目较多。以四肢行走的里约龙具有几乎与后肢等长的前肢，四肢的骨骼比任何其他已知的蜥脚类恐龙都长，也更坚固。蜥脚类恐龙的体形增大的趋势，在里约龙出现后达到了巅峰。

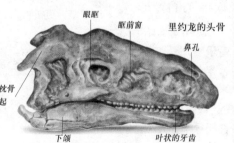

眼眶　眶前窗　里约龙的头骨

鼻孔

副枕骨突起

下颌　叶状的牙齿

里约龙的牙齿

里约龙具有叶状的牙齿，似乎专为切碎植物纤维而设计，并不适合用来切割肉类。但是科学家们一度认为里约龙是肉食性恐龙而不是植食性恐龙，因为出土的里约龙遗骸中混有尖锐的牙齿。后来，人们才知道这些老旧磨损的牙齿是从以死尸为食的肉食性恐龙嘴里掉落的。里约龙有高高的背和长颈，因此可以用它的小牙齿吃到长在高处的植物。

胃石

里约龙的沙囊里还有一些小石头，用来帮助消化

就像所有的蜥脚类恐龙一样，里约龙也会吞下一定数量的小石头，通过沙囊的波浪状收缩把石头的边缘磨平，同时这些石头也会将植物食糜磨成浆状以利消化。胃石成了里约龙对付粗糙食物最有效的工具。有了这个"秘密武器"，里约龙就不怕每天吞下成吨植物而无法消化了。许多现生的鸟类和爬行类动物与里约龙一样，也靠胃石来消化食物。

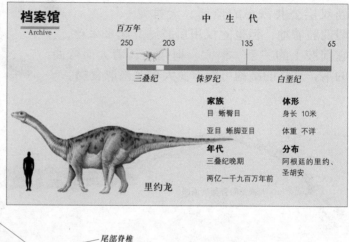

档案馆
· Archive ·

百万年		中 生 代		
250	203		135	65
三叠纪	侏罗纪		白垩纪	

家族
目 蜥臀目

亚目 蜥脚亚目

年代
三叠纪晚期

两亿一千九百万年前

体形
身长 10米

体重 不详

分布
阿根廷的里约、圣胡安

里约龙

神经棘

人字骨

尾部脊椎

里约龙的身体内部结构示意图

里约龙的生活形态

科学家们认为，像里约龙这类大型、长颈的植食性恐龙是为了适应三叠纪晚期日渐干旱的气候而进化出来的，因为这种体形可以使它吃到长在高处的植物。另外，这种巨大的身躯也使它能够对抗早期已经出现的大型肉食性恐龙，以及肉食性劳氏鳄龙类大爬虫的攻击。里约龙长而盘旋的消化道位于斜伸的耻骨前面，里面堆积着植物食糜，重量可观。因为内部器官和食物的重量太大了，迫使里约龙必须用四肢来承担自己的体重。

大椎龙

大椎龙又被称为巨椎龙，它的名字的意思是"有巨大脊椎的蜥蜴"。大椎龙头小颈长，外形比同时期的板龙要小巧得多。但一只成年的大椎龙若靠两条后肢站起来的话，头部也可以够到双层公共汽车的顶部。大椎龙一般四肢着地，但也能仅用后肢站立起来采食，它前肢上的"手"很大，拇指上长着大而弯曲的爪，这样的结构可能方便大椎龙捡取食物。

由于一直未发现成年鼠龙化石，所以也有古生物学家认为鼠龙只是某种已知恐龙如大椎龙的幼体

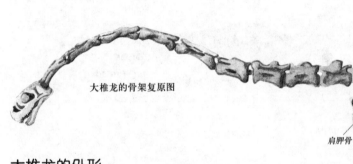

大椎龙的骨架复原图

肩胛骨　　肱骨

掌骨　　　趾骨

指骨

大椎龙的外形

　　大椎龙的外形与板龙相比要轻巧得多，其头部与身体的其余部分相比显得相当小，所以，大椎龙的小嘴巴必定得吃下足够多的低等植物，才能维持庞大身躯所需。另外，大椎龙的胸部较平，尾巴更细长，四肢也更瘦长。它的前肢结实，指间距离较宽，拇指上的爪特别大，而且可以弯曲。大椎龙大多数时候以四肢行走，并且在行走时的姿势可能是抬着头，尾巴保持水平状态。

大椎龙的头骨

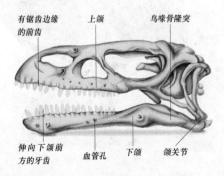

有锯齿边缘的前齿　　上颌　　　鸟喙骨隆突

伸向下颌前方的牙齿　　血管孔　　下颌　　颌关节

大椎龙的颌部

　　大椎龙有一个罕见的突起上颌，这可能表示其在下颌骨末端的嘴喙部位是皮质的，但这种说法又与大椎龙的下颌前端存在牙齿的说法有冲突。而大椎龙的下颌像板龙一样有一个鸟喙骨隆突，这个鸟喙骨隆突与板龙的相比要浅平一些，但也能够控制附着在下颌上的肌肉。大椎龙的颌部关节在上排牙齿的后方，它的牙齿很小，咀嚼能力不强。另外，大椎龙上下颌部长着血管孔，可以让血管通过，这表明它长有脸颊。

原蜥脚类恐龙包括板龙、大椎龙和鼠龙

大椎龙的生活形态

　　大椎龙的栖息区域较为广泛，它们既可以生活在森林茂密的北美冲积平原上，也可以生活在非洲南部大陆上。一直以来，人们都认为大椎龙是植食性恐龙，但有的古生物学家认为大椎龙属于肉食性恐龙。这是因为大椎龙具有高而坚固的前排牙齿，而且它的牙冠还有锯齿边缘。还有古生物学家认为大椎龙应是杂食性恐龙，它用前面的牙齿撕咬肉类，而用后方的牙齿咀嚼食物。

肠骨

尾椎骨

耻骨

坐骨

股骨

胫骨

大椎龙的牙齿

大椎龙的亲戚——鼠龙

　　古生物学家把活跃于2.25亿年到1.78亿年前，最早出现的植食性恐龙称为原蜥脚类恐龙。原蜥脚类恐龙中除了板龙、大椎龙外，比较有代表性的就是鼠龙。鼠龙的幼龙大约只有20厘米长，头、眼睛和四肢与身体相比较而言显得很大。鼠龙可能是人们迄今为止所发现的最小的恐龙。

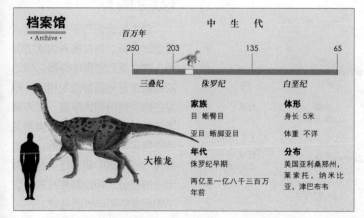

档案馆
· Archive ·

	中　生　代		
百万年			
250　　203		135	65
三叠纪	侏罗纪	白垩纪	

家族
目 蜥臀目
亚目 蜥脚亚目

年代
侏罗纪早期
两亿至一亿八千三百万年前

体形
身长 5米
体重 不详

分布
美国亚利桑那州，莱索托，纳米比亚，津巴布韦

大椎龙

鲸龙

鲸龙是最早发现的蜥脚类恐龙，也是最早有正式学名的蜥脚类恐龙，它是1841年由欧洲古生物学家欧文命名的。欧文最初认为鲸龙像鲸一样生活在海里，但后来的研究显示，鲸龙是陆栖动物，生活在中生代海滨低地。

现生鲸鱼

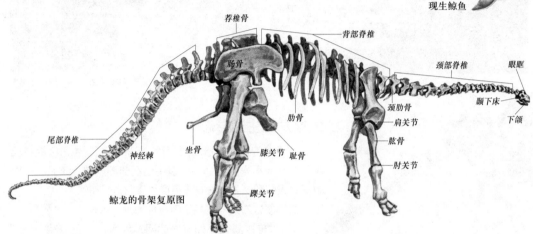

鲸龙的骨架复原图

荐椎骨　背部脊椎　颈部脊椎　眼眶
肠骨　肋骨　颈肋骨　颧下床　下颌
尾部脊椎　神经棘　坐骨　耻骨　膝关节　肩关节　肱骨　肘关节
踝关节

鲸龙的外形

鲸龙庞大的身躯靠柱状的四肢支撑着，它的大腿骨立起来比一个成年人还高，约有两米长，因为前后肢长短差不多，所以其背部基本保持水平状态，这点与在它之前的那些蜥脚类恐龙不同，以前的蜥脚类恐龙的前肢一般都比后肢要短一些。目前人们还未发现完整的鲸龙头骨化石，只找到一些牙齿化石。据推测，鲸龙的头部较小，它的牙齿像耙子一样，可以扯下植物的叶子。

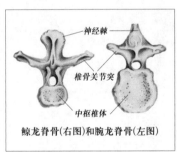

神经棘　椎骨关节突　中枢椎体

鲸龙脊骨(右图)和腕龙脊骨(左图)

鲸龙的脊骨

鲸龙的脊骨几乎是实心的，但是其脊骨上有许多海绵状的孔洞，有点类似鲸鱼的脊骨。与后期的腕龙等蜥脚类恐龙相比，鲸龙的脊骨显得粗大厚重，因为随着不断进化，后来的蜥脚类恐龙的脊骨逐渐变成了中空的。鲸龙脊骨的枢椎体中还存在一些没有用处的部分，神经棘和椎关节也不如腕龙的那样长而强健。

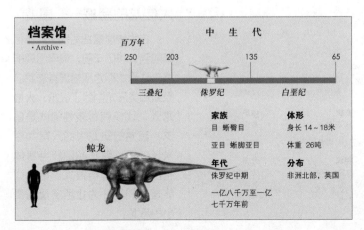

档案馆
· Archive ·

中 生 代

百万年			
250	203	135	65
三叠纪	侏罗纪	白垩纪	

家族
目 蜥臀目
亚目 蜥脚亚目

年代
侏罗纪中期
一亿八千万至一亿七千万年前

体形
身长 14～18米
体重 26吨

分布
非洲北部，英国

鲸龙

鲸龙的生活形态

鲸龙主要以树叶和一些低矮植物为食，像大多数植食性恐龙一样，它也不会咀嚼食物，一般都是囫囵吞下。鲸龙的颈部并不灵活，只可以在3米的弧线范围内左右摆动。所以，鲸龙只可以低头喝水，或是啃食蕨类叶片和小型的多叶树木。因为至今未发现鲸龙的头骨化石，所以古生物学家无法确定它具体的进食方式。

蕨类植物应该是鲸龙的主要食物

蜀龙

鲸龙的亲戚——蜀龙

蜀龙主要生活在侏罗纪中期广阔无垠的"古巴蜀湖"周边陆地，是比较原始的蜥脚类恐龙，但已经是完全靠四肢行走的动物。它的成年个体长12米，体重估计约两头大象的重量。蜀龙的身体笨重，行动缓慢，喜群居，通常都和鲸龙一起成群出现。蜀龙的牙齿只适合吃些柔软的植物，所以主要生活在河畔湖滨地带，以柔嫩多汁的植物或低矮树上的嫩枝嫩叶为食。

蜀龙的外形

蜀龙的头中等大小，口中的牙齿呈树叶状，但略微显示出勺形的特点，边缘没有锯齿。它的四肢骨骼与同类恐龙的其他成员相比已经比较轻巧，而脊椎骨却较为密实，缺少较后期的恐龙发达的坑凹构造。蜀龙尾巴末端的骨质尾锤由几节膨大并愈合的尾椎骨形成，呈椭圆球状，上面还有两对短钉，看起来就和一个儿童足球差不多大小，可以作为蜀龙有力的武器。

蜀龙以尾巴作为武器对付肉食性恐龙的进攻

巴洛龙

巴洛龙学名的意思为"笨重的蜥蜴"，又译为"重型龙"，其化石是1912年美国化石采集家厄尔·道格拉斯在美国犹他州的卡内基采掘场挖出的。巴洛龙是身体极长的蜥脚类恐龙，与梁龙很像，都有庞大的身躯，站立时的最高点都在臀部。巴洛龙的长颈就和长颈鹿的一样，似乎专为吃高处的植物而"设计"。

在美国纽约自然博物馆展出的骨骼化石中，以后肢站立的巴洛龙高达15米，正在抵挡异特龙的攻击，小巴洛龙躲在母亲的尾巴后面

巴洛龙的发现者厄尔·道格拉斯

直立起身子抵挡敌人的巴洛龙母亲

鞭子状的尾巴

巴洛龙的外形

巴洛龙的身长可达27米，外形和梁龙十分相似，但颈部与尾巴的比例则与梁龙不同，巴洛龙的长颈占了体长的1/3，颈部的脊椎骨虽然和梁龙一样都是16节，但每一节都大幅延长，因此其长颈可以触及相当远的地点。巴洛龙的尾巴比较短，而颈部则长达9米，这使得巴洛龙几乎比其他任何北美洲恐龙都高。用现代的说法，如果巴洛龙以后肢直立并伸长颈部，就可以吃到高达五层楼的树梢上的叶子。

进行攻击的异特龙

巴洛龙的头部和颈部

自巴洛龙被命名以来，人们一直没有发现巴洛龙头部的化石。在巴洛龙的模型中，一般把它的头部塑造成长、扁而且倾斜的样子，鼻孔的开口在眼睛的上方，这种假设是根据与巴洛龙相似的蜥脚类恐龙相对应部位的骨骼而做的。巴洛龙的颈部由16节以上的脊椎骨支撑着，并长着长支柱状的颈肋骨，不过有深深的空洞以减轻重量。

躲在母亲尾巴后面的小巴洛龙

档案馆
· Archive ·

中 生 代

百万年

250   203   135   65

三叠纪   侏罗纪   白垩纪

家族
目 蜥臀目
亚目 蜥脚亚目

年代
侏罗纪晚期

一亿五千万年前

体形
身长 23~27米

体重 不详

分布
坦桑尼亚的马特瓦拉，美国的南达科塔州、犹他州

巴洛龙

头部

细长、沉重的颈部

巴洛龙

肘部

后肢

爪

前肢

巴洛龙的心脏

有些科学家估计，要将血液送上巴洛龙位于长颈之上的脑袋，必须要有1.6吨重的心脏才能做得到。这么大的心脏的心跳速度，会慢得让送上颈部的血液在下一次心跳之前就往下回流。所以他们猜测巴洛龙可能有8颗心脏，每一颗心脏只需大到足够把血液送到下一个心脏的分区内就够了。

巴洛龙的尾巴

巴洛龙拥有一条长长的鞭子状的尾巴，科学家们对巴洛龙尾巴末端的结构尚不清楚，但根据已经发现的尾骨推测，巴洛龙尾巴的末端容易弯曲，类似梁龙的尾巴。并且，无论尾巴是否容易弯曲，整个尾巴必须重到能与长长的颈部达到平衡，否则巴洛龙就无法正常地站立。

巴洛龙长长的颈部使它看起来和长颈鹿有点像

梁龙

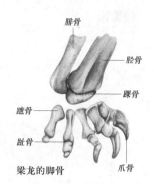

腓骨
胫骨
踝骨
蹠骨
趾骨
梁龙的脚骨
爪骨

梁龙的名字的意思为"双梁"，其身长比一个网球场还长，是到目前为止被发现的完整恐龙骨架中最长的一个。梁龙的整个身体就像一道行走的吊桥，但是梁龙的体重却只有两头成年亚洲象那么重，因为它的骨头非常特殊，不但里边是空心的，而且还很轻。梁龙是植食性的恐龙，以树叶和蕨类植物为食物。

梁龙的外形

梁龙有着长长的脖子，可是脑袋却很小。它的鼻孔很奇特，长在眼眶的上方，嘴的前部长着扁平的牙齿，侧面和后部则没有牙齿，吃东西的时候不咀嚼，而是将树叶等食物直接吞下去。梁龙的四肢像柱子一样，前肢较短，后肢较长，所以臀部高于前肩，其柱状后肢下端由长着五根宽趾头的脚撑住，只有前三根趾头上长着爪子。梁龙的尾巴甚至比脖子还长，并且逐渐向末端变细，从而形成容易弯曲的鞭子状结构。

穿行于杉木中的巨大梁龙

"双梁"构造

　　梁龙的身体被一串相互连接的中轴骨骼支撑着，称为脊椎骨。其细长的尾巴内有70至80块尾部脊椎，前19节有空洞，可以减轻重量，尾部中端每节尾椎都有两根人字骨延伸构造，当梁龙的尾部下压触地将身体撑起时，这种"双梁"构造可以保护尾部血管。

梁龙的自卫武器

　　虽然梁龙是行动迟缓的植食性恐龙，但这并不表示它面对敌人时束手无策。它庞大的身躯就足以让一般的掠食性恐龙望而生畏，它强有力的尾巴也是顺手的武器。梁龙还可能用后肢站立，用尾巴支持部分体重，腾出巨大的前肢来自卫。梁龙前肢内侧指上有一个巨大而弯曲的爪，那就是它锋利的自卫武器。

梁龙

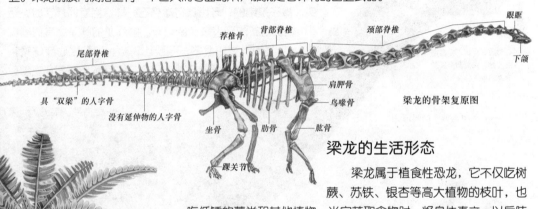

眼眶

颈部脊椎

背部脊椎

荐椎骨

尾部脊椎

下颌

肩胛骨

鸟喙骨

具"双梁"的人字骨

没有延伸物的人字骨

坐骨

肋骨

肱骨

踝关节

梁龙的骨架复原图

梁龙的生活形态

　　梁龙属于植食性恐龙，它不仅吃树蕨、苏铁、银杏等高大植物的枝叶，也吃低矮的蕨类和其他植物。当它获取食物时，将身体直立，以后肢和尾巴形成三角架支撑，以便触及树梢。由于梁龙没有用来咀嚼食物的后排牙齿，肌肉发达的胃便发挥了重要的作用。梁龙胃里的胃石能将叶子磨碎，叶子通过肠道到达盲肠后，再由盲肠里的细菌完成对食物的消化过程。梁龙的足迹化石证明梁龙总是在耗尽某个地区的食物后，便迁徙到新的地方。

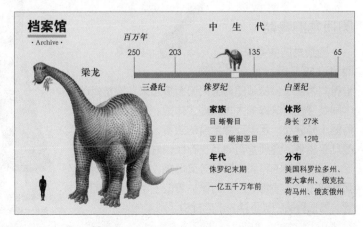

档案馆				中　生　代		
· Archive ·		百万年				
		250	203	135		65
	梁龙	三叠纪	侏罗纪	白垩纪		

家族
目 蜥臀目
亚目 蜥脚亚目

体形
身长 27米
体重 12吨

年代
侏罗纪末期
一亿五千万年前

分布
美国科罗拉多州、蒙大拿州、俄克拉荷马州、俄亥俄州

圆顶龙

美国古生物学家寇普在1877
年为圆顶龙命名

圆顶龙是一种较为进步的蜥脚类恐龙，生活在侏罗纪末期开阔的平原上，是北美最著名的恐龙之一。与巨型长颈恐龙相比，圆顶龙的脖子要短得多，尾巴也要短一截，所以显得十分敦实。圆顶龙在骨骼上也已演化出协调巨大体重的结构，其脊柱有大型的空腔，这可以让这种庞大的动物减轻体重。

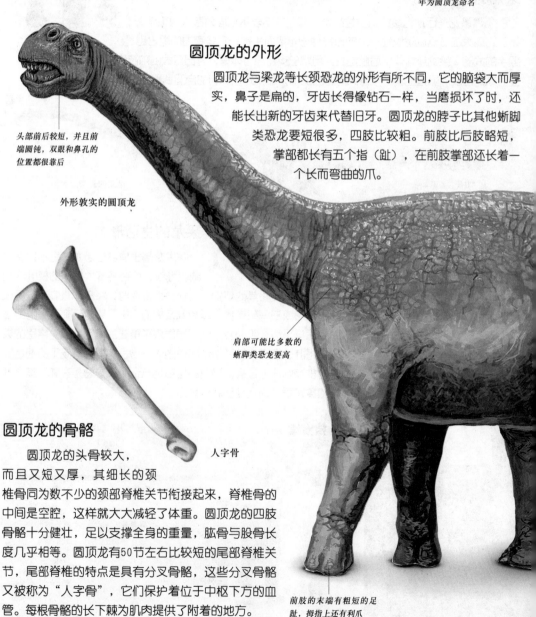

圆顶龙的外形

圆顶龙与梁龙等长颈恐龙的外形有所不同，它的脑袋大而厚实，鼻子是扁的，牙齿长得像钻石一样，当磨损坏了时，还能长出新的牙齿来代替旧牙。圆顶龙的脖子比其他蜥脚类恐龙要短很多，四肢比较粗。前肢比后肢略短，掌部都长有五个指（趾），在前肢掌部还长着一个长而弯曲的爪。

头部前后较短，并且前
端圆钝，双眼和鼻孔的
位置都很靠后

外形敦实的圆顶龙

肩部可能比多数的
蜥脚类恐龙要高

圆顶龙的骨骼

圆顶龙的头骨较大，而且又短又厚，其细长的颈椎骨同为数不少的颈部脊椎关节衔接起来，脊椎骨的中间是空腔，这样就大大减轻了体重。圆顶龙的四肢骨骼十分健壮，足以支撑全身的重量，肱骨与股骨长度几乎相等。圆顶龙有50节左右比较短的尾部脊椎关节，尾部脊椎的特点是具有分叉骨骼，这些分叉骨骼又被称为"人字骨"，它们保护着位于中枢下方的血管。每根骨骼的长下棘为肌肉提供了附着的地方。

人字骨

前肢的末端有粗短的足
趾，拇指上还有利爪

圆顶龙的头部

　　圆顶龙有浑圆的头顶，短而深的头骨内藏着很小的大脑。它的头颅具有骨质支柱和窗口般的开孔，在它深陷的眼眶前部长着两只巨大的鼻孔，鼻孔耸在头顶上，这说明它的嗅觉可能极为灵敏。其眼眶后面还有一个大洞，是用来容纳颌部肌肉的颞颥。圆顶龙的嘴部短钝，牙齿排列较密。

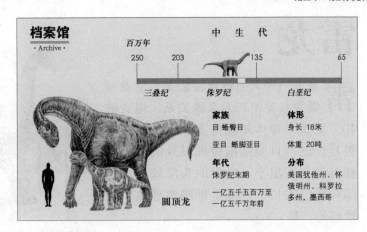

档案馆
· Archive ·

中　生　代

百万年

250　　203　　　　　135　　　　　　　65

三叠纪　　侏罗纪　　白垩纪

家族
目 蜥臀目
亚目 蜥脚亚目

年代
侏罗纪末期

一亿五千五百万至
一亿五千万年前

体形
身长 18米
体重 20吨

分布
美国犹他州、怀俄明州、科罗拉多州，墨西哥

圆顶龙

圆顶龙的生活形态

　　圆顶龙是植食性恐龙，靠吃树木低矮处的枝叶为生，而把树顶部的嫩树叶留给了身材更高大的亲戚们。它庞大的身体需要太多的食物来供给养料，所以它每天大部分时间都在进食，并且需要经常迁徙以寻找丰富的食物。圆顶龙吃东西从来不咀嚼，而是将叶子整片吞下。它有非常强大的消化系统，还会吞下砂石来帮助消化食物。圆顶龙习惯过群居生活，并且还会照看自己的孩子。

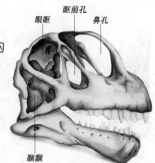

眼眶　　眶前孔　鼻孔

颞颥

圆顶龙的头骨

中等长度的尾巴相当粗壮

圆顶龙的化石

　　古生物学家曾在美国发现了非常丰富的圆顶龙化石，其中不乏保存非常完整的个体，其中有一具长约6米的小骨架保存非常完好，其埋藏时的姿势就像一只奔腾的骏马。从这具精美的化石标本上，人们了解到了恐龙的生长发育引起的体态变化：恐龙的幼体较之成体，头骨按比例更大，眼眶尤其明显，脖子相对较短，多数骨骼的骨缝没有愈合。这些变化在现生动物的生长发育过程中也同样可以观察到。

厚重的后肢有足趾，还有肉垫支撑

圆顶龙的骨骼

雷龙

雷龙是一种大型植食性恐龙。雷龙与梁龙有着密切的亲缘关系，但更健壮、更重，身体却短得多。雷龙的分布极其广泛，目前除南极洲以外的各大洲都有其化石出土，它们的头部较小，颈部和尾巴很长，一度是蜥脚类恐龙中最繁盛的一群。

雷龙正在进行群体迁徙

雷龙的外形

雷龙的爪

雷龙的颈部大约有6米长，基本与躯体的长度相等，其尾巴更是长达9米。雷龙的四肢与今天的大象差不多，也许还要大一些，脚掌的面积约有一把完全张开的伞大小。由于雷龙的身体后半部比前半部高，后肢也相对更有力，所以它可能有能力利用后肢站立，以弥补身高上的不足。另外，也有专家认为它会低下头，摄食地面上的低矮植物。

雷龙的拇指骨骼

背部脊椎

颈部脊椎

雷龙的骨架复原图

颈肋骨

鸟喙骨

肱骨

肘关节

桡骨

尺骨

腕关节

掌骨

肋骨

股骨

胫骨

腓骨

趾骨

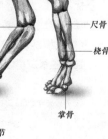

雷龙的骨骼

雷龙的头骨细小而且扁平，上下颌长着木栓状的牙齿。完整的雷龙头骨是在2001年发现的，当时它已经被命名了将近100年。雷龙的颈部脊椎和四肢骨骼都比较厚实，它的指骨中只有拇指上才有爪子，指尖端的弯曲骨骼是角质大爪的核心，可见以前古生物学家认为雷龙有两个或三个大爪的说法是不准确的。除此之外，雷龙的尾部脊椎和梁龙等长尾巴恐龙差不多。

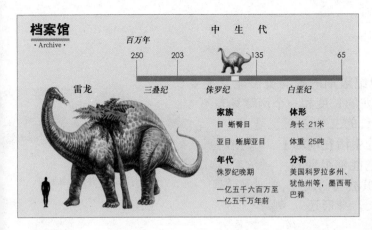

中 生 代

百万年

250　　　203　　　　　　135　　　　　　　　65

雷龙

三叠纪　　　侏罗纪　　　白垩纪

家族
目 蜥臀目
亚目 蜥脚亚目

体形
身长 21米
体重 25吨

年代
侏罗纪晚期

一亿五千六百万至
一亿五千万年前

分布
美国科罗拉多州、
犹他州等，墨西哥
巴雅

雷龙的化石

雷龙的骨骼很脆弱，很难留下化石的记录，所以迄今为止发现的雷龙化石都非常零碎，头骨化石尤其稀少，以至于在很长时间里，古生物学家们都用圆顶龙的头部代替雷龙的头部。直到2001年，人们在非洲的马达加斯加西北部一个采石场的砂岩中发掘出了一具包含了整个头骨及绝大部分其他骨骼的重要化石。

雷龙的生活形态

雷龙的主要食物是羊齿类和苏铁类植物，雷龙会不经咀嚼地把食物送进胃里，一大群的雷龙可以在短短几天内摧毁一个树林。从今天所发现的足迹化石来看，雷龙经常进行极其壮观的大迁徙。雷龙的块头很大，估计在面对掠食性兽脚类恐龙的威胁时，雷龙会直立起身子来恐吓对方，但是也许它们只会靠拢排列，仰仅体形的优势和坚韧的外皮来保护自己。

一只小型的兽脚类恐龙欲袭击小雷龙，雷龙妈妈直立起身子抵抗来犯之敌

荐椎骨

肠骨

坐骨

人字骨

膝关节

尾部脊椎

踝关节

雷龙的命名

雷龙又名迷惑龙。人们最先发现的雷龙化石是一个非常大的胫骨，这令研究者十分迷惑，便把这块胫骨所属的恐龙命名为"Apatosaurus"，也就是"迷惑"的意思。之后，另一群研究者发现了几块零碎的恐龙骨骼化石，并为其所属恐龙命名"Brontosaurus"，即雷龙。后来经鉴定，这两种化石为同一种生物所有，依据古生物学命名优先权原则，雷龙的学名就以"Apatosaurus"为有效名。

马门溪龙

马 门溪龙是生活于侏罗纪末期的蜥脚类恐龙，主要分布在中国。马门溪龙的长度和一个网球场差不多，颈部的长度占了它全长的二分之一，是到目前为止人们知道的曾经生活在地球上的颈部最长的动物，所以它能够很轻易地吃到树木高处的嫩叶。虽然马门溪龙重达27吨，但由于颈部长，身形还是显得非常苗条。

马门溪龙的身体结构复原图

马门溪龙的外形

马门溪龙以头骨轻巧、头骨孔发达、鼻孔侧位、牙齿呈勺状、下颌瘦长为主要特征。马门溪龙的头骨小得可怜，甚至还不如它自己的一块脊椎骨大。马门溪龙的眼睛内具有虹膜环，可以调节光线，因此古生物学家估计其视力良好，可以洞察大范围内的食物和敌害等情况。

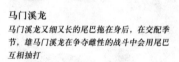

马门溪龙
马门溪龙又细又长的尾巴拖在身后，在交配季节，雄马门溪龙在争夺雌性的战斗中会用尾巴互相抽打

马门溪龙的颈部

马门溪龙从鼻子尖到尾巴梢的总长度为22米，其中有11米是它的颈部长度。它的颈部由长长的、相互叠压在一起的颈椎支撑着，因而很僵硬，转动起来十分缓慢。在恐龙中，马门溪龙的颈椎骨是最多的，比其他任何一种长颈的蜥脚类恐龙的颈部脊椎骨都多，而颈部的肌肉也相当强壮，支撑着它那像蛇一样的小脑袋。

马门溪龙

马门溪龙的生活形态

以前有些古生物学家认为马门溪龙站在湖里，颈部浮在水上，用嘴咬食周围水生植物柔嫩的叶子。但现在古生物学家普遍认为，1.45亿年前，马门溪龙生活的地区到处生长着红木和红杉树。马门溪龙成群结队地穿越森林，用它们小小的、钉状的牙齿啃吃树叶以及其他恐龙够不到的树顶的嫩枝。在交配季节，雄马门溪龙在争夺雌性的战斗中会用尾巴互相抽打。

马门溪龙名字的来历

1952年，人们在四川宜宾的马鸣溪渡口旁发现了一具保存不是十分完整的蜥脚类恐龙化石，中国古脊椎动物学家杨钟健教授以发现地将其命名为马鸣溪龙。可是由于杨教授是陕西人，说话有地方口音，在说马鸣溪的时候被人误听为马门溪，在后来的文字记录中，马门溪龙便成了这种新发现的恐龙的名字。

眼睛炯炯有神——

前肢很灵活，指上长着又弯又尖的利爪

永川龙
在侏罗纪中期，肉食性恐龙的代表是气龙，到了侏罗纪晚期的时候，像气龙这样中等大小的捕猎者便被永川龙这样的大型捕猎者取代了

马门溪龙的天敌——永川龙

永川龙是和马门溪龙生活在同一时代同一地区的大型肉食性恐龙。永川龙全长约10米，站立时高4米，有一个1米长的大头，略呈三角形，嘴里长满了一排排锋列的牙齿。永川龙不仅能迈开大步追捕猎物，而且动作灵活。作为一种凶悍的肉食动物，永川龙是马门溪龙危险的敌人。

档案馆
· Archive ·

中　生　代

百万年				
250	203	135		65
三叠纪	侏罗纪	白垩纪		

马门溪龙

家族	体形
目 蜥臀目	身长 22米
亚目 蜥脚亚目	体重 27吨
年代	**分布**
侏罗纪晚期	中国四川、甘肃、新疆
一亿六千万年前	

腕龙

腕龙的头骨　眼窝　鼻开孔　高而弯曲的骨柱从中隔开两个远远位于头部后段的鼻孔

脑室

颈部脊椎骨有深孔

颌部构造坚固

匙状的大型牙齿

腕龙是地球上出现过的最大和最重的恐龙，它以拥有巨大的前肢和像长颈鹿一样的长颈而闻名。目前，在挖掘出来的有完整骨架的恐龙中，腕龙是最高的，它可以像起重机一样伸长脖子，从四层楼高的大树上扯下叶子，或低头用凿子一样的牙齿撕碎低矮的蕨类植物。

腕龙的外形

腕龙的头部特别小，因此不太聪明，头顶上的丘状突起物就是它的鼻子。腕龙的长颈使它能够够着高处的树梢，吃到其他恐龙无法吃到的树叶，满足它巨大的食量。腕龙走路时四肢着地，前后肢掌部都有五个指（趾），每只前肢的一个指和每只后肢的三个趾上都生有爪子。一些腕龙有四层楼那么高，体重相当于五头非洲象，一个成年人还不到这种庞然大物的膝盖。

腕龙能够很容易地吃到高处的树叶，但是它们食量惊人，需要不断地迁徙寻找食物

雌腕龙不太会照顾自己的孩子，小腕龙都是依靠阳光的照射自然孵化的

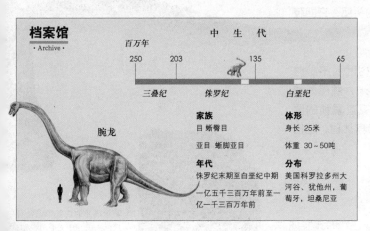

档案馆
· Archive ·

中　生　代

百万年					
250	203		135		65
三叠纪	侏罗纪		白垩纪		

腕龙

家族
目 蜥臀目
亚目 蜥脚亚目

年代
侏罗纪末期至白垩纪中期一亿五千三百万年前至一亿一千三百万年前

体形
身长 25米
体重 30～50吨

分布
美国科罗拉多州大河谷、犹他州，葡萄牙，坦桑尼亚

腕龙的身体内部

　　腕龙全身的骨骼包括了圆顶的高颅骨、13节颈部脊椎骨、11或12节背部脊椎骨，以及由5节尾部脊椎骨愈合相连的臀部。此外，有些古生物学家认为腕龙有一个巨大的心脏，不断将血液通过其颈部输入头部。一些古生物学家甚至认为，为了把血液输遍全身，腕龙也许会有好几个心脏。

柱状的四肢

　　腕龙庞大的身躯依靠其粗壮的四肢来支撑。腕龙的颈部太长了，重量也很可观，只有较长的前肢才能帮助它撑起细长的颈部，所以它的前肢比后肢要长，以致它的肩部耸起，离地大约有5.8米。当它抬起头去吃树梢上的叶片时，头部离地面大约有12米，整个身体沿肩部向后倾斜，这种情况在长颈鹿身上也能看到。

腕龙粗壮的大腿骨

腕龙的生活形态

　　腕龙需要大量的食物来补充它庞大的身体生长和四处活动所需的能量。腕龙大约每天能吃1500千克的食物，是亚洲象食量的10倍。古生物学家是通过研究腕龙在上亿年前留下的粪便化石得知腕龙的食量的——它一次所排泄的粪便有1米多高。腕龙可能每天都成群结队地旅行，在一望无际的大草原上游荡，寻找新鲜树木。

萨尔塔龙

蜥脚类恐龙在白垩纪早期就陆续衰退了，但发现于南美洲的萨尔塔龙由于南半球的环境条件变化不大而成为少有的幸存者。这种恐龙的外形有点像雷龙，但体形较小，身长仅比一辆公共汽车长一点。它大部分时间生活在陆地上，偶尔也像今天的大象那样在水中尽情嬉戏。

萨尔塔龙在水中嬉戏

骨质小块

萨尔塔龙的外形

　　萨尔塔龙的头部很像腕龙的头部，它四肢粗短，尾巴呈鞭状，背部和体侧皮肤还长有骨质甲板，这使它可以悠闲地采食树叶而不必时刻提防天敌。萨尔塔龙全长12米，髋部离地面约3米，尾部肌肉发达并有交互紧锁的尾椎骨骼。当它利用后肢抬举起身体时，尾巴可以作为一个有力的支撑。

肌肉发达的尾部

萨尔塔龙的皮肤

　　萨尔塔龙的皮肤印记化石是在1980年发现的，它的出现否定了只有鸟臀目恐龙才具有坚甲的说法。萨尔塔龙的体表四散分布着圆形的、大小如拳头的骨质甲板，用于保护体侧。在这些甲板之间又生长着数百颗坚硬的扣状饰物，使萨尔塔龙的表皮更为坚韧。这些钮扣状饰物是恐龙体甲的组成部分，它们有助于增强恐龙的自我保护能力。任何动物如果想跳上萨尔塔龙的背部，并试图用爪子或牙齿刺穿外皮上的坚甲，都可能会使自身受伤。

萨尔塔龙的皮肤印记化石
这些钮扣状物体是萨尔塔龙体甲的组成部分，它们有助于增强萨尔塔龙的自我保护能力

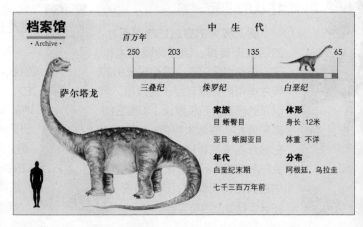

档案馆
· Archive ·

百万年		中 生 代		
250	203		135	65
	三叠纪	侏罗纪	白垩纪	

萨尔塔龙

家族	**体形**
目 蜥臀目	身长 12米
亚目 蜥脚亚目	体重 不详
年代	**分布**
白垩纪末期	阿根廷，乌拉圭
七千三百万年前	

萨尔塔龙的头骨

古生物学家在历时数十年的挖掘工作中，虽然找到了萨尔塔龙的骨骼化石，但完整的萨尔塔龙头骨是在1996年由古生物学家马丁内兹意外发现的。通过对这个头骨化石的研究，古生物学家们发现这种恐龙的头部低矮，鼻孔长在双眼上方的高处，而口鼻部则显得较长，上下颌长着一圈类似于梁龙的钉状牙齿，应该和梁龙长得极为相似。

细小的头部

萨尔塔龙

长而易弯曲的颈部

萨尔塔龙的生活形态

就像其他的蜥脚类恐龙一样，萨尔塔龙也在陆地上行走，并经常会扬起长颈去取食其他小型植食性恐龙够不着的植物顶端的嫩枝叶。由于腰部强健，它也经常会用后肢站立，取食更高处的食物。萨尔塔龙的身体比其他大型蜥脚类恐龙要小，也许更容易受到大型肉食性恐龙的伤害，不过，它的护甲倒是提供了很好的保护。

成功的迁徙

生活在白垩纪末期的萨尔塔龙不知出于什么原因，从北美洲迁徙到了南美洲，并在那里生存下来，而同一时期在北美洲生活的蜥脚类恐龙却早于萨尔塔龙灭亡了。这可能是因为在当时南北美洲两块大陆之间已经有了海洋的屏障，北美洲的蜥脚类与同期的鸟脚类恐龙竞争时陷入了困境。而且，新出现在北美洲的植物有可能不适合作为蜥脚类恐龙的食物，萨尔塔龙由于迁徙而躲过了一劫。

两只萨尔塔龙正在悠闲地吃树上的叶子，不远处一只兽脚类恐龙正虎视眈眈地盯着它们

第三章

兽脚类恐龙 Disanzhang

　　蜥臀目中的兽脚类恐龙包含了所有已知的肉食性恐龙，所以一般被当作凶残好斗的典型。这类恐龙一般具有类似鸟类的特征，例如中空的骨骼、"S"形的颈部、长而肌肉发达的后肢以及有爪的脚。它们的脚上有四根趾头，第一根比较短而且位置较高。许多兽脚类可能是温血动物，而且至少有一部分兽脚类恐龙（如尾羽龙）可能长着羽毛。体形较小的早期兽脚类恐龙后来演变成了大型的以狩猎为生的掠食者，以及类似鸵鸟且具有无齿嘴喙的杂食性动物（有些可能是植食性）。一群有羽毛的小型温血类兽脚类恐龙可能演变成了真正的鸟类。当时兽脚类恐龙遍及全世界，并且跨越了整个恐龙时代，但它们大都没留下多少遗骸。

始盗龙

始盗龙是目前所发现的最古老的恐龙，它的大小和狗一样，小巧矫健，属于肉食性恐龙，但有时也可能以植物为食。由于它生存年代非常早，相比当时其他陆生生物来说具有明显的优势，仿佛一个突然闯入地球的强盗，所以古生物学家把它命名为"黎明的掠夺者"——"始盗龙"。它的发现把最古老的恐龙的出现年代向前推进了近一千万年。

始盗龙瞅准猎物，准备出击

明亮的眼睛

小巧的躯干

尖锐的牙齿

有力的颈部

始盗龙

始盗龙的爪子形状和鹰爪相似，并且也像鹰爪一样锋利

短小的前肢

始盗龙的外形

始盗龙的体形很小，后肢粗壮，前肢则比较短小。始盗龙长有尖爪利齿，爪的形状如同鹰爪。根据始盗龙的骨骼化石，我们可以相当清楚地看出它是一种兽脚类肉食性恐龙，主要依靠后肢行走，但也很有可能时不时"手脚并用"。虽然始盗龙有五根趾头，但是其第五根趾头已经退化，变得非常小了，站立时主要依靠它脚掌中间的三根脚趾来支撑全身的重量，它的第一根脚趾只是在行进时起到一些辅助支撑的作用。

始盗龙的牙齿

始盗龙的牙齿前后不同

始盗龙的牙齿结构非常奇特，颌部前方的牙齿是树叶状的，呈现出植食性恐龙的特征；颌部后方的牙齿则是锯齿形结构，像带槽的牛排刀一样，与其他的肉食性恐龙相似。这一特征表明，始盗龙可能既吃植物又吃肉。古生物学家们也据此认为，恐龙原本应该是一种杂食性动物，食草食肉均可，后来才逐渐分化为植食性和肉食性两种类型。

始盗龙的生活形态

　　始盗龙颌部后方那锯齿状的牙齿毫无疑问地向大家表明了它肉食性恐龙的身份，而且它拥有善于捕抓猎物的双手。从始盗龙的前肢化石我们可以推测，始盗龙有能力捕抓并干掉同它体形差不多大小的猎物。虽然我们不能精确地重现这种恐龙的攻击行为和捕食过程，但是从它那轻盈矫健的身形就不难想象，始盗龙能够进行急速猎杀，它的食谱应该不仅仅限于小爬行动物，说不定还包括哺乳类动物的祖先，比如生活在南美洲的肯氏兽就有可能是始盗龙的食物之一。

肯氏兽

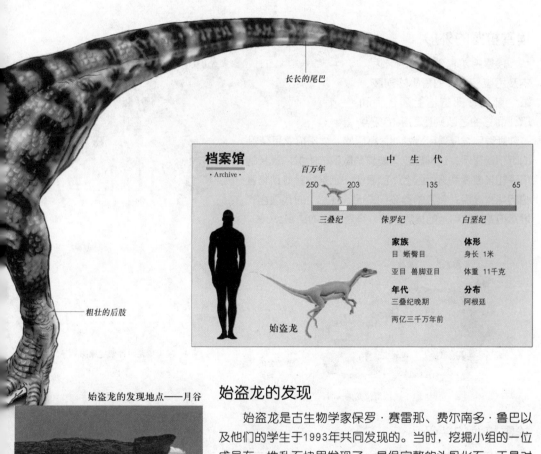

长长的尾巴

粗壮的后肢

档案馆
· Archive ·

百万年　　　　　　中　生　代

250　　203　　　　135　　　65

三叠纪　　侏罗纪　　白垩纪

家族　　　　　**体形**
目 蜥臀目　　　　身长 1米
亚目 兽脚亚目　　体重 11千克

年代　　　　　**分布**
三叠纪晚期　　　阿根廷

两亿三千万年前

始盗龙

始盗龙的发现地点——月谷

始盗龙的发现

　　始盗龙是古生物学家保罗·赛雷那、费尔南多·鲁巴以及他们的学生于1993年共同发现的。当时，挖掘小组的一位成员在一堆乱石块里发现了一具很完整的头骨化石，于是对这一片废石堆进行了再一次的搜寻。很快，他们又从中发现了一具完整的恐龙骨骼，而且这种骨骼是人们从未见过的。后来经过鉴定，这具化石骨架是迄今为止所发现的恐龙化石中最古老的。这次发现将恐龙出现的年代大大提前了。

埃雷拉龙

埃雷拉龙

埃雷拉龙学名的意思为"埃雷拉的蜥蜴",是奔跑速度相当快的肉食性恐龙,它的出现时间只比始盗龙晚大约两百万年,是已知最古老的恐龙之一。埃雷拉龙的身体比一头大白鲨还长,虽然它在恐龙世界里体形不能算大,但比现代陆地上最大的肉食猛兽——狮子和老虎要大很多。

埃雷拉龙的外形

埃雷拉龙有着锐利的牙齿,不及后肢一半长的短小的前肢,每个前肢掌部的指上还长有利爪,而它的后肢则比后来的任何一种蜥臀目或鸟臀目恐龙都显得原始。埃雷拉龙耳朵里的听小骨显示,这种恐龙可能具有敏锐的听觉。长长的爪子和长着锋利牙齿的上下颌表明,它是令其他动物害怕的捕食高手;直立的身姿则说明,就那个时代而言,埃雷拉龙是数得上的灵活机敏、奔走迅速的动物。

鼻孔

颈部脊椎

下颌

眼眶

背部脊椎

肱骨

桡骨

肋骨

尺骨

指骨

埃雷拉龙的骨架复原图

耻骨

脑壳

颞下窗

眼眶

鼻孔

弯曲的尖牙

下颌

埃雷拉龙的头骨

跖骨

趾骨

埃雷拉龙的头骨

埃雷拉龙具有长而低平的头骨、锯齿状的锐利牙齿以及双铰颌部。它的头部从头顶往口鼻部逐渐变细,鼻孔非常小。埃雷拉龙的下颌骨处有个具有弹性的关节,这点与后来的某些兽脚类恐龙相似,这一个特别的关节能使它张口时颌部由前半部分扩及后半部分,因而能牢牢地咬住挣扎的猎物。所以,当其他动物遇到埃雷拉龙时,只能选择迅速逃离,否则会成为它的口中美食。

埃雷拉龙的生活形态

埃雷拉龙具有很长的后肢，能够直立，手部有爪可以紧抓猎物，能够比竞争对手跑得更快，也更具威胁性。埃雷拉龙的主要食物是小型的植食性恐龙以及数量颇丰的其他爬行类动物，蜻蜓等昆虫也可能成为它的食物。埃雷拉龙经常到植物茂盛的河边去寻找猎物，在遇到猎物时，会利用它弯曲而尖锐的牙齿或有力的爪子给予猎物致命的一击，然后用前肢抓住失去攻击力的猎物迅速离开，以避开其他体形较大的掠食者的争夺。

两只年轻的埃雷拉龙正与一只大型肉食性恐龙争夺猎物，旁边还有一只小埃雷拉龙观战

埃雷拉龙的亲戚

古生物学家在研究过埃雷拉龙的骨盆结构后发现，这种结构并不是埃雷拉龙独有的。后来，人们在南美洲的三叠纪中、晚期岩层中还发现了另外一些恐龙。这些恐龙包括在巴西南部发现的南十字龙以及美国亚利桑那州发现的钦迪龙，它们都被认为和埃雷拉龙有亲戚关系。这些都证实了恐龙同源说，因为后来出现的许多肉食性恐龙都和埃雷拉龙有相同之处。

髋关节

尾部脊椎

坐骨

胫骨

南十字龙

南十字龙的体形比埃雷拉龙略小

南十字龙是早期的小型兽脚类肉食性恐龙，其学名源自南十字星座。南十字龙以后肢行走，体长约有2米，体重却不到30千克，还没有一个10岁小孩重。和埃雷拉龙一样，南十字龙也有瘦长弯曲的颈部以及修长的双腿，掌部可能有四指，足上或许有五趾。

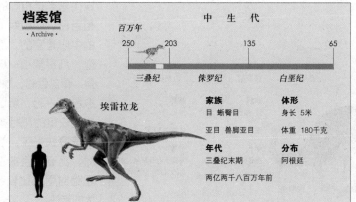

档案馆
· Archive ·

中 生 代

百万年

250   203   135   65

三叠纪   侏罗纪   白垩纪

埃雷拉龙

家族		体形	
目 蜥臀目		身长 5米	
亚目 兽脚亚目		体重 180千克	
年代		分布	
三叠纪末期		阿根廷	
两亿两千八百万年前			

腔骨龙

腔骨龙是一种小型的肉食性恐龙，生活在2.25亿年前的北美洲，是最早广为人知的恐龙之一。从外形上看，腔骨龙有点像现在比较瘦长的大型鸟类。它的后肢强壮，用于行走，而前肢短小，用于攀爬和掠食。腔骨龙的骨头是空心的，所以它的身体非常轻巧，小而多肉的早期植食性恐龙是它的主要捕食对象。

腔骨龙的外形

腔骨龙有着像鹳鸟一样的头部，而且嘴巴尖细，长长的颌部长着牙齿，颈部呈"S"形，这使它的整个头部显得狭长。腔骨龙的后肢修长，前肢相对短一些，有三个带爪的手指，皮肤上可能长有鳞片。腔骨龙的体形像鸟，但它与鸟类的最大区别是它有牙齿、带爪的掌部和骨质的尾巴。

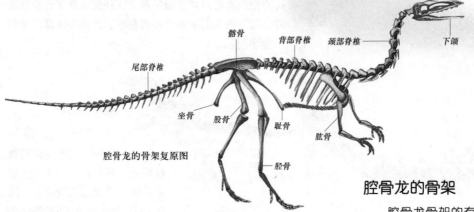

尾部脊椎　髂骨　背部脊椎　颈部脊椎　下颌

坐骨　股骨　耻骨　肱骨

胫骨

腔骨龙的骨架复原图

腔骨龙的骨架

腔骨龙骨架的有些部分和现代鸟类是相同的。它的骨头相当轻，四肢骨骼的有些部分的中心是空的，而且骨骼为薄壁，几乎像纸一样薄。它的骶骨、骨盆骨骼、踝骨以及跗骨都愈合在一起，所以和当时其他体重较重的爬行类动物相比奔跑速度快多了。当它静止站立时，身姿相当挺直，这样，它起跑时可以比较容易地跨出很大的步伐。

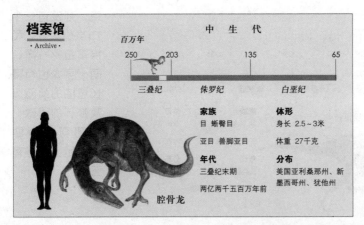

档案馆
· Archive ·

中　生　代

百万年

250　　203　　　　135　　　　65

三叠纪　　侏罗纪　　白垩纪

家族
目 蜥臀目
亚目 兽脚亚目

年代
三叠纪末期
两亿两千五百万年前

体形
身长 2.5～3米
体重 27千克

分布
美国亚利桑那州、新墨西哥州、犹他州

腔骨龙

腔骨龙是早期的兽脚类恐龙

腔骨龙的生活形态

腔骨龙是一种小型的肉食性恐龙，以一些小型的哺乳动物为食，但它也可能会袭击那些大型的植食性恐龙。作为早期的肉食性恐龙，腔骨龙的臀部和关节的构造比较特殊，这使它能够用后肢站立并保持平衡，再加上骨骼轻巧、行动敏捷，所以腔骨龙非常适应捕猎生活，它们常会进行小群体生活，就像今天的野狼一样。

腔骨龙的排泄方式

类似腔骨龙的早期肉食性恐龙不需要排尿，这与现今鸟类相似。哺乳类通过一种称为尿素的化合物排出含氮的排泄物，这种排泄物有毒，所以需要用水稀释，使其毒性淡化。然而，鸟类是以尿酸的形式排出氮物质，尿酸不像哺乳类的排泄物那样具有毒性，所以不需要借由水分排出。目前普遍认为鸟类为恐龙的后裔，所以，古生物学家推测生活在三叠纪时期的腔骨龙和鸟类一样以尿酸的形式排出氮物质。

早期的肉食性恐龙和如今鸟类的排泄方式相同

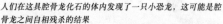
人们在这具腔骨龙化石的体内发现了一只小恐龙，这可能是腔骨龙之间自相残杀的结果

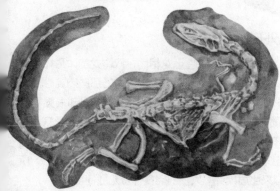

自相残杀

有人在挖掘一具腔骨龙化石时，在其内部发现了一具小型的腔骨龙骨骼。最初，古生物学家认为腔骨龙可能是在体内生子。但是这些骨头过于凌乱，而且体积过大，不可能源自于胚胎。所以现在普遍认为这可能是腔骨龙之间自相残杀的证据。科学家们推测，当面临长期干旱的时节，腔骨龙便有可能开始同类相残，吞食弱小同类。

双脊龙

博物馆中的双脊龙骨架

双脊龙又名双冠龙，因头顶上两片大大的骨冠而得名，因为它是一种生存于侏罗纪早期的肉食性恐龙，所以还有个绰号叫"侏罗纪早期恶魔"。双脊龙身长可达6米，站立时头部离地约2.4米，可以说是一种体形修长的大型恐龙，由于其遗骸出土的数量相当丰富，因此颇具知名度。大约有6只年幼或成年的双脊龙的部分骨架在美国亚利桑那州出土，而且在1980年下半年，中国也有新发现双脊龙化石的消息。

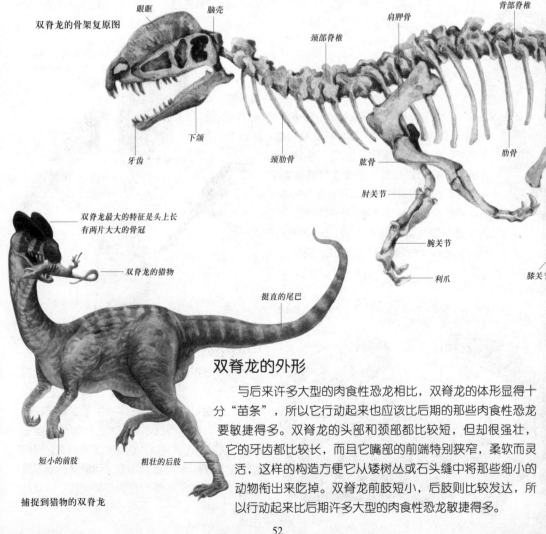

双脊龙的骨架复原图

眼眶　脑壳　颈部脊椎　肩胛骨　背部脊椎

下颌

牙齿　颈肋骨　肱骨　肋骨

肘关节

腕关节

利爪　膝关节

双脊龙最大的特征是头上长有两片大大的骨冠

双脊龙的猎物

挺直的尾巴

短小的前肢　粗壮的后肢

捕捉到猎物的双脊龙

双脊龙的外形

　　与后来许多大型的肉食性恐龙相比，双脊龙的体形显得十分"苗条"，所以它行动起来也应该比后期的那些肉食性恐龙要敏捷得多。双脊龙的头部和颈部都比较短，但却很强壮，它的牙齿都比较长，而且它嘴部的前端特别狭窄，柔软而灵活，这样的构造方便它从矮树丛或石头缝中将那些细小的动物衔出来吃掉。双脊龙前肢短小，后肢则比较发达，所以行动起来比后期许多大型的肉食性恐龙敏捷得多。

双脊龙的骨骼

双脊龙的整个身体骨架极细，它的头上有两块骨脊，呈平行状态，头骨上的眶前窗比眼眶要大。它的下颌骨比较狭长，上下颌都长着尖利的牙齿，但上颌的牙齿要比下颌的牙齿长。双脊龙的前肢掌部短小，指头都能弯曲，所以双脊龙能够抓握物体。双脊龙的后肢比较长，其中跖骨就占了很大的比例。它的后肢掌部长着三根朝前的脚趾，趾上都朝前长着十分锐利的爪子。

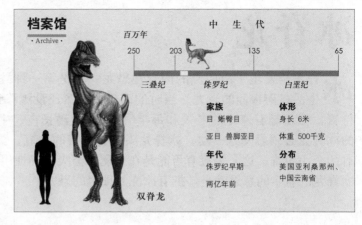

档案馆
· Archive ·

中 生 代

百万年	250		203		135		65
	三叠纪		侏罗纪		白垩纪		

家族
目　蜥臀目
亚目　兽脚亚目

年代
侏罗纪早期
两亿年前

体形
身长　6米
体重　500千克

分布
美国亚利桑那州、
中国云南省

双脊龙

肠骨

尾部脊椎

坐骨

胫骨

腓骨

踝关节

跖骨

双冠

双脊龙的头上有圆而薄的头冠，有关其功能的说法不一。有的古生物学家认为，其头冠是雄性双脊龙争斗的工具。当雄性双脊龙发生对峙时，头冠较小的一方可能会不战而退，头冠大的胜利者就能在群居中占有地盘，并取得和雌恐龙交配的特权。但是经考证，双脊龙的头冠是比较脆弱的，不太可能用于打斗。所以有的古生物学家认为，在双脊龙的头冠外面或许会有艳丽的颜色，就像公鸡的鸡冠一样，用于吸引异性。

双脊龙头上的双冠是平行生长的，可能只是用于吸引异性

双脊龙的生活形态

双脊龙有发达的后肢，并且后肢掌部还长有利爪，因此能够飞快地追逐植食性恐龙，比如全力冲刺追逐小型、稍具防御能力的鸟脚类恐龙，或者体形较大、较为笨重的蜥脚类恐龙。双脊龙在追到猎物之后，通常会采用三道攻势干净利索地解决掉猎物，这三道攻势分别是：用长牙咬，并同时挥舞脚趾和手指上的利爪去抓紧猎物，再把猎物置于死地。

冰脊龙

冰脊龙是发现于南极洲的肉食性恐龙，也是第一种被记录的生活在南极洲的恐龙。当时的南极洲虽然还没漂移到现在的位置，但还是有寒冷的冬天和每年6个月的漫漫长夜，生活在那儿的冰脊龙必须忍受这一切。冰脊龙头上有奇特的头冠，头冠两侧各有两个小角锥，这个头冠有可能是在交配季节吸引异性用的，而冰脊龙的名字的意思就是"拥有冰冻的顶冠的恐龙"。

冰脊龙的头冠看起来很像猫王埃尔维斯·普雷斯利的发型，所以它还有一个别名"埃尔维斯龙"

冰脊龙的外形

冰脊龙外形上的最大特征是它头顶上突出的奇特的骨质结构，有如点缀头顶的小山峰，它的名字也是由此而来。冰脊龙的牙齿呈锯齿形，并生有利爪。关于冰脊龙的体形是胖是瘦，目前还没有定论。现在生活在南极洲的企鹅等动物，都有厚厚的皮下脂肪用以保暖，而侏罗纪时期，同样生活在南极洲的冰脊龙如果皮下也长有厚厚的脂肪的话，则可能会影响到其猎食的速度和敏锐程度。

冰脊龙的头冠的颜色还不能确定，也许这和它头冠的功能有关

冰脊龙的头冠

在冰脊龙的眼睛上方，有一角状向上的冠，冠的两侧还各有两个小角椎。古生物学家推测它的头冠是在交配季节用来吸引异性的。如果真是这样的话，那么这个头冠应该有着鲜艳的色彩，也许还分布有很密的血管和神经，一旦充血，色彩就会更加艳丽。但如果头冠的颜色仅仅是作为保护色的话，那么就要依据冰脊龙生活的环境来猜测它的颜色了。

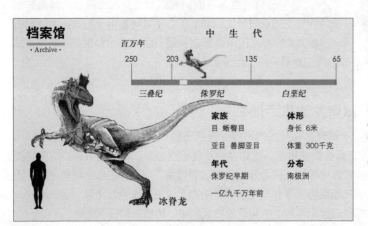

冰脊龙习惯用后肢行走

冰脊龙
冰脊龙生活在侏罗纪早期的南极洲，但人们现在还没弄清楚它是常年居住于此还是只有夏天才迁徙到这里

档案馆
· Archive ·

中 生 代

百万年				
250	203		135	65
三叠纪	侏罗纪		白垩纪	

家族
目 蜥臀目
亚目 兽脚亚目

体形
身长 6米
体重 300千克

年代
侏罗纪早期
一亿九千万年前

分布
南极洲

冰脊龙

冰脊龙的头冠很美丽

呈锯齿状的牙齿表明冰脊龙是一种肉食性的恐龙

锐利的前爪可以当作武器

冰脊龙的生活形态

　　冰脊龙是第一个被发现生活在南极洲的肉食性恐龙，至于它是只有在夏天才会迁徙到这里，还是常年居住于此，古生物学家也没有确定的答案。过去人们一直以为恐龙是冷血动物，但冰脊龙的发现可作为恐龙有可能是温血动物的一个证据。因为如果冰脊龙要在南极度过长达6个月的冬季，就必须维持足够高的体温以免被冻僵。这就说明冰脊龙有可能是温血动物。

冰脊龙的生活环境

　　冰脊龙的化石是1994年由古生物学家哈默·希克森在南极洲发现的。哈默通过检测某些特定岩石的碳化粒子，测得了当地在古生物时代的纬度，他发现侏罗纪早期的南极洲还没有漂移到高纬度地区，而通过检测土地结冰时所形成的化石与沉积物结构，则又得知南极洲在当时已经具有了季节性寒冷气候。但是冰脊龙曾生活在南极洲，这也说明当时的南极洲应该有植被，而且比现在要暖和得多。

现在的南极洲气候寒冷，终年积雪，但在侏罗纪时期气候比较暖和

斑龙

英国地质学家巴克兰在1824年发表了世界上第一篇有关恐龙的科学报告，报道了一块在采石场采集到的恐龙下颌骨化石，而这块化石就属于斑龙，因此斑龙成为最早被科学地描述和命名的恐龙，"斑龙"的拉丁文原意就是"采石场的大蜥蜴"。斑龙的化石在几个国家都有发现，但都不完整。这种恐龙站立起来时高达3米，是一种残暴猎食其他动物的野兽。

弯曲的牙齿

尖利的爪

斑龙的外形

斑龙就体形而言，比我们接下来要讲到的扭椎龙更长也更强壮。它的头部长近1米，有厚实的颈部、健壮的短前肢及强而有力的后肢。古生物学家根据发现的斑龙足迹的两足间距推算，认为斑龙的"手指"和"脚趾"上长着尖利的爪，后肢长应将近两米。具备了这样的武器，斑龙能够随时攻击大型的植食性恐龙。但是目前为止还没有发现完整的斑龙骨骼，已经发现的斑龙遗骸非常破碎，里面可能还混杂着其他兽脚类骨骼的碎片，因此很多细节只是科学家的揣测。

斑龙

长后肢

一只斑龙正在全速赶它的猎物

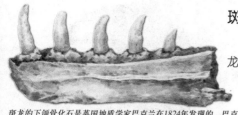

斑龙的下颌骨化石是英国地质学家巴克兰在1824年发现的，巴克兰以为这是一种新型的爬行动物，将其命名为"斑龙"，拉丁文原意是"采石场的大蜥蜴"，其实斑龙和蜥蜴没有任何关联

斑龙的颌部

我们对于斑龙颌部的了解全部来自于第一块出土的斑龙下颌骨化石，这块化石上长着巨大的弯曲牙齿，像切牛排的餐刀一样，顶端有锯齿，用以咬食新鲜的猎物。从这块化石推断，斑龙的头部应该很大，上下颌强健有力，足以把到手的猎物咬碎。从这个化石上，甚至还可以看到旧牙脱落的地方已经有新牙要长出来了。

斑龙的生活形态

从斑龙的足迹化石判断，其步行速度约为7千米/时。但当它发现温和的蜥脚类植食性恐龙，准备捕捉猎物时，就会改走为跑，它的脚趾不再朝内弯缩，反而张开，其骨骼、腱与肌肉在瞬间发生变化，正是由于这个变化，其后肢及脚趾才能立即调整，出现一足置于另一足前方的敏捷跑姿，同时尾巴也会举起来以保持身体平衡。但是斑龙的体形不适合进行长时间的追踪奔跑。当斑龙追上猎物时，会用锐利的牙齿和前肢上的利爪撕裂猎物的身体，直到置敌人于死地，再慢慢享用其战利品。

斑龙的足迹化石

斑龙的足迹化石

人们曾在英国剑桥附近一个灰石坑中发现了许多恐龙的足迹化石，据推测是由体形巨大的斑龙所留下的足迹。起先出现的足迹显示，它的走步姿势略显摇摆，后来出现了顺畅、高速的竞跑足印，好像这只斑龙选中了目标，正追逐某只植食性恐龙。根据解剖结构推断，斑龙并非是行动迟缓趔趄摇摆的动物，它快速奔跑时最高时速将近30千米，应该是一种行动敏捷的动物。

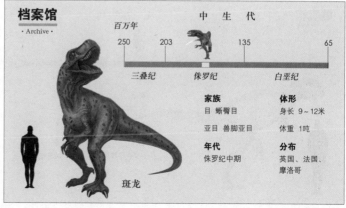

档案馆
· Archive ·

百万年　　　　　　中　生　代

250	203		135	65
三叠纪	侏罗纪		白垩纪	

家族	**体形**
目　蜥臀目	身长 9～12米
亚目　兽脚亚目	体重 1吨
年代	**分布**
侏罗纪中期	英国、法国、摩洛哥

斑龙

扭椎龙

扭椎龙又被称为优椎龙，在侏罗纪晚期和数种不同的植食性恐龙生活在今天的英国，一直以来是欧洲最著名的大型肉食性恐龙。不过，目前人们对这种恐龙的了解仅限于在英国牛津挖掘出的一具化石标本，刚开始人们还把它和另一种大型的肉食性恐龙斑龙混在一起。1964年，英国化石学家艾利克·沃尔克根据扭椎龙的头颅、颈部和脚踝的骨骼，推测它可能和异特龙同属一科。

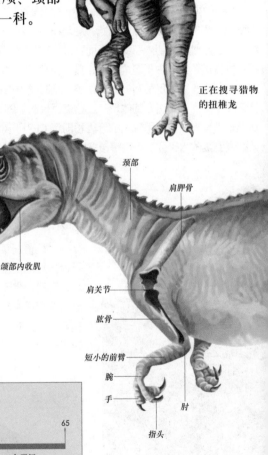

正在搜寻猎物的扭椎龙

扭椎龙的外形

扭椎龙的身体比早期具骨板的鸟臀目恐龙要长，即使是未成年的扭椎龙的身长也和一只狮子差不多，可以猎获不具攻击性、行动迟缓的植食性恐龙。并且，扭椎龙的身体结构和我们前面介绍过的斑龙类似，它的头很大，长长的上下颌中满是锯齿状的牙齿，最适于撕碎新鲜的猎物。其前肢生有三指，后肢非常粗壮，不仅能支撑身体的重量，还能够轻捷地奔跑，腾出来的短而强壮的前肢可用来抓获猎物。

眼睛
鼻孔
舌头
颌部内收肌
利齿
颈部
肩胛骨
肩关节
肱骨
短小的前臂
腕
手
肘
指头

扭椎龙的身体结构复原图

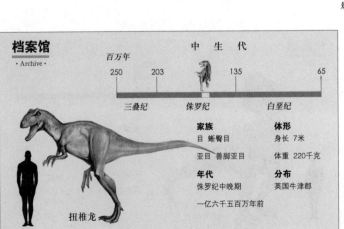

档案馆
· Archive ·

中 生 代

百万年

250　　203　　　　135　　　　　　65

三叠纪　　侏罗纪　　白垩纪

家族　　　　　**体形**
目 蜥臀目　　身长 7米
亚目 兽脚亚目　　体重 220千克

年代　　　　　**分布**
侏罗纪中晚期　　英国牛津郡

一亿六千五百万年前

扭椎龙

扭椎龙的脚

同大多数兽脚类恐龙一样，扭椎龙的脚也是由三根趾头构成的，而且整体构造和现代鸟类的脚类似。它的三根蹠骨长度几乎相当，在这三根蹠骨里，中间的那根从上往下逐渐变细。这反映了在兽脚类恐龙的演化过程中，蹠骨在不断地发生变化，到演化出暴龙时，相对应的骨骼已变为一个尖端，蹠骨也由三根变成了两根。

扭椎龙的脚

扭椎龙的生活形态

扭椎龙是一种大型的肉食性恐龙，它会像我们所了解的狮子等猛兽一样轻易地置其他动物于死地。有可能成为它的猎物的恐龙有鲸龙、棱齿龙和剑龙等，因为这些恐龙都和扭椎龙一起生活。但是扭椎龙也有可能是一种食腐动物，即使是相邻的岛上的腐尸的味道，也能吸引它把尾巴作为平衡舵，从这个岛游到那个岛去饱餐一顿。

一只未成年的扭椎龙身长和现代的狮子差不多，而且扭椎龙会像狮子一样轻易把猎物置于死地

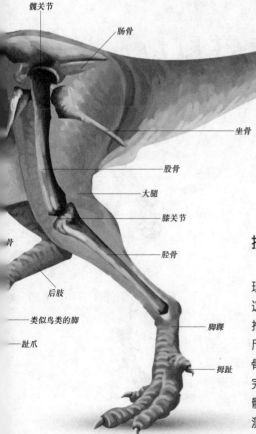

髋关节

肠骨

坐骨

股骨

大腿

膝关节

尾巴

胫骨

后肢

骨

类似鸟类的脚

脚踝

趾爪

拇趾

扭椎龙的化石

19世纪50年代，在牛津乌尔沃哥特附近人们发现了一具未成年的扭椎龙骨骼化石，极不寻常的是，这具化石出现在海洋的沉积岩中。古生物学家们据此推测扭椎龙生前可能生活在河岸边，以搁浅的动物腐尸为食，在它死后，被河水冲到了大海中。虽然这具骨骼化石并不十分完整，但它是欧洲迄今为止保存最完好的肉食性恐龙的遗骸，也是唯一的一具扭椎龙骨骼化石。古生物学家们通过对这具骨骼化石的研究推测，扭椎龙的颈部脊椎或许能够彻底弯曲。

角鼻龙

角鼻龙学名的意思是"长角的蜥蜴"，这是因为它的鼻子上长着一个神秘的短角，我们目前还不能断定它的用途。角鼻龙生活在侏罗纪晚期，是它们家族成员中体形最大、最原始的恐龙。它与更为进化的对手——异特龙有点相似，都是强健有力、体形较大的掠食者，有着一般肉食性恐龙共同的特征。

角鼻龙

角鼻龙的外形

角鼻龙的头部短而厚实，但相对于它的身体而言显得很大，其上下颌长着两排弯曲的尖牙，呈锯齿状，这是它属于肉食性恐龙的最好的证据。角鼻龙的前肢短而健壮，掌部长有四指，后肢很长并且肌肉发达，说明它习惯依靠后肢行走。

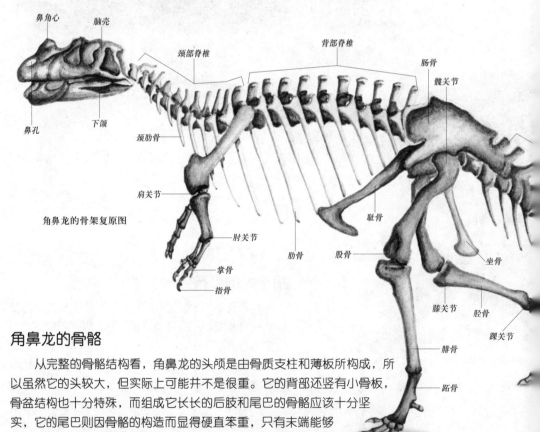

鼻角心　脑壳　颈部脊椎　背部脊椎　肠骨　髋关节
鼻孔　下颌　颈肋骨　肩关节　肘关节　掌骨　指骨　肋骨　股骨　耻骨　坐骨　膝关节　胫骨　踝关节　腓骨　跖骨　趾骨

角鼻龙的骨架复原图

角鼻龙的骨骼

从完整的骨骼结构看，角鼻龙的头颅是由骨质支柱和薄板所构成，所以虽然它的头较大，但实际上可能并不是很重。它的背部还竖有小骨板，骨盆结构也十分特殊，而组成它长长的后肢和尾巴的骨骼应该十分坚实，它的尾巴则因骨骼的构造而显得硬直笨重，只有末端能够自由摆动。角鼻龙的这些身体构造都有利于它快速奔跑，其中长尾巴则起了帮助快速转向和平衡头颅的作用。

搏斗

两只雄角鼻龙在相互对峙和搏斗的过程中会用头上的角死命顶撞对方，当它遇到猎物或敌人时，还会用自己锋利的牙齿和带钩的利爪击败对方

角鼻龙的生活形态

角鼻龙大多生活在侏罗纪晚期今北美洲西部的蕨类大草原，以及林木茂盛的冲积平原上，它们一般会群体生活。由于角鼻龙在猎食时体形并不占据优势，所以它们一般会选择成群结队地出动。它们特殊的四肢构造使它们能够突然加速，去追捕那些飞奔逃命的植食性恐龙，当然，偶尔遇到那些老弱病残的大型蜥脚类恐龙，它们也不会放过。

神秘的角和不明突起

提到角鼻龙必然会提到它的角，但是现在还无法确认角鼻龙的角到底有什么作用，因为长在它鼻子上的这个角比较短小，似乎不能用来防卫和打斗。有些古生物学家推测，这可能只用于装饰或与其他雄性角鼻龙进行顶撞，从而赢得群体的领导地位。另外，角鼻龙的背脊上由后脑延伸到背部都有锯齿状的小突起，同样用途未明。

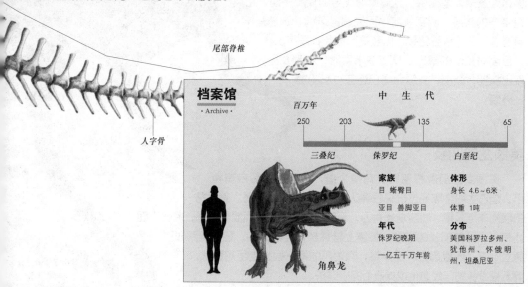

尾部脊椎

人字骨

档案馆

· Archive ·

中 生 代

百万年

| 250 | 203 | 135 | 65 |

三叠纪　　侏罗纪　　白垩纪

家族

目　蜥臀目

亚目　兽脚亚目

年代

侏罗纪晚期

一亿五千万年前

体形

身长 4.6~6米

体重 1吨

分布

美国科罗拉多州、犹他州、怀俄明州，坦桑尼亚

角鼻龙

美颌龙

美颌龙生活在侏罗纪晚期，具有像鸟类一样细长的身体、狭窄的头，是目前人类所发现的恐龙中最小的一种。成年的美颌龙站起来也只不过到人的膝盖，但是它们成群捕食猎物，能够攻击比自己大得多的恐龙。美颌龙的骨骼化石是1859年发现的，科学家们一度将一些始祖鸟化石误认为是美颌龙的化石，直到从含有始祖鸟化石骨骼的岩石上辨认出模糊的羽毛印痕后才改正过来。

美颌龙和目前已知最早的鸟类——始祖鸟一起生活在半沙漠化的岛屿，它们的骨骼非常相像

双眼有着敏锐的视力，能够迅速发现猎物

头部比较细长

牙齿小而尖锐

颈部能自由弯曲

美颌龙的外形

美颌龙类似现在的鸟类，双眼具有敏锐的视力，能够迅速发现大型昆虫、蜥蜴或鼠类等的轻微举动。它具有尖细的头部，颌部长着小而锐利的牙齿，颈部能随意弯曲。它的身躯结实，前肢短而健壮，后肢较长，并且还有较长的尾巴。从上往下看时，美颌龙呈现出头部、颈部、身躯和尾巴连在一起的瘦长外貌。

前肢短小

美颌龙的四肢

美颌龙的前肢掌部只长有两个指，虽然指上都带有利爪，但古生物学家经过研究后确认，它的爪子相当脆弱。美颌龙的髋部非常浑厚，后肢细长有力，后肢上的股骨较短而胫骨较长，胫骨下面还有一个延伸加长的脚掌。脚掌上总共长有五根趾头，它在奔跑时以第二、三、四根脚趾承担体重，有短爪的第一根脚趾呈短钉状，第五根趾头则已经退化成蹠骨上的小细条。

后肢较

足上有三趾，类似鸟爪

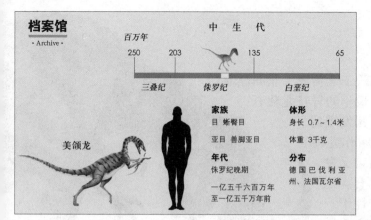

档案馆
· Archive ·

中 生 代

百万年

250　　　203　　　135　　　65

三叠纪　　　侏罗纪　　　白垩纪

美颌龙

家族	体形
目 蜥臀目	身长 0.7 ~ 1.4米
亚目 兽脚亚目	体重 3千克
年代	**分布**
侏罗纪晚期	德国巴伐利亚州、法国瓦尔省
一亿五千六百万年至一亿五千万年前	

美颌龙的头骨

美颌龙的头骨长而低平，骨骼构造十分精致。它的头骨大半由细细的骨质支架构成，支架间有宽宽的缝隙。头骨上最大的开孔是眼眶，两个椭圆形的小开孔则是鼻孔，这些孔洞的下方有多根骨头交互紧锁而成的修长的上颌，下颌很薄。上下颌内则稀疏地分布着弯曲的小牙齿，牙齿非常尖锐。

眼眶　脑壳

眶前窗

鼻孔

牙齿　　平直的下颌　颞下窗

美颌龙的头骨

美颌龙

尾巴修长，和头部、颈部、身躯连在一起构成优美的曲线

表皮外覆盖着鳞片，可能长有原始的羽毛

美颌龙的生活形态

美颌龙栖居在温暖的沙漠、岛屿。因为小岛上很难有充足的食物来供给更大型的肉食性动物，所以美颌龙极有可能就是当地最大的掠食性动物。这种小恐龙修长的体形和长颈，以及用来平衡体重的尾部和鸟状的后肢，使它的行动非常敏捷，它会穿梭在矮树丛间捕食蜥蜴，也可能会猎食始祖鸟。此外，美颌龙很可能也吃腐肉，包括死后被冲上岸的鱼以及其他动物的尸体。

踝部很高

正在捕捉昆虫的美颌龙

异特龙

异特龙是侏罗纪后期活跃于北美洲、非洲等地的主要肉食性恐龙，最早的异特龙化石是1877年在美国科罗拉多州发现的。此后，古生物学家在一个叫作克利夫兰·劳艾德的恐龙挖掘地又发现了60具以上的异特龙化石。这种恐龙集猛禽与鳄鱼的特性于一身，其学名的意思是"与众不同的蜥蜴"。在目前所发现的该时期恐龙中，异特龙占了十分之一。

异特龙是侏罗纪时代恐怖的刽子手

异特龙的外形

异特龙有一个大脑袋，所以比较聪明，其"S"形的颈部强壮有力。就体形而言，异特龙虽然比白垩纪末期著名的暴龙略小一号，但是和暴龙比起来，它具有更粗大，也更适合于猎杀植食性恐龙的短小而强壮的前肢。其前肢上长有三指，而且指上还长着利爪。后肢高大粗壮，脚掌上长有三只带爪的趾。它的尾巴又粗又大，用以横扫胆敢向它进犯的敌人。

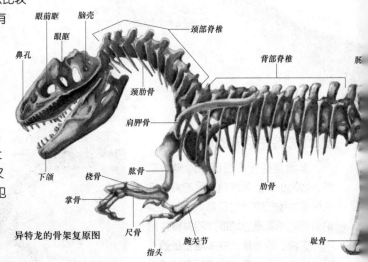

眼前眶　脑壳　颈部脊椎
眼眶　背部脊椎　肱
鼻孔
颈肋骨
肩胛骨　肋骨
下颌　桡骨　肱骨
掌骨
尺骨　腕关节　耻骨
指头

异特龙的骨架复原图

异特龙的脚

异特龙的骨骼

异特龙的颅骨长、宽并且很厚。异特龙还有扁平宽阔的肠骨、末端膨大为"足"状的耻骨，股骨比胫骨要长。异特龙的脚踝长得很高，脚上有鳞片，看起来就像不能飞翔的巨型走鸟类的脚，且远比现存的任何一种鸟类的脚都重。

三根大脚趾承担了身体的体重，拇指的位置较高，朝向后方，趾爪的核心为骨质，而外层为角质。异特龙有粗大的神经棘用以固着颈部、背部和尾部的强壮肌肉，这点和其他的肉食性恐龙是一样的。

异特龙的头部

异特龙的头部很大，在它的眼睛上有个鼓起的大肉团。它有70颗边缘带锯齿的牙齿，每颗牙齿都像匕首一样尖锐，并且都向后弯曲，如果某个牙齿脱落了或在打斗中断掉了，一个新的牙齿会很快长出来填补这个空缺。异特龙可以将颌部张得很大，然后再向外扩张，这有利于撕裂猎物并吞食大块的肉。

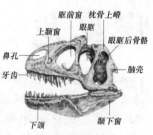

眶前窗　枕骨上嵴
上颌窗　　眼眶
鼻孔　　　　　　眼眶后骨骼
牙齿　　　　　　脑壳
下颌　　　　　额下窗

异特龙的头骨

异特龙的生活形态

异特龙是最凶猛的恐龙之一，它有强劲的后肢和健壮的尾巴，在捕猎时往往成群出击。在那个时期的地层里，古生物学家们发现了一些弯龙的骨骼化石，其头骨上有异特龙的牙齿留下的深深的痕迹，折断的异特龙牙齿也散布在四周，这表明当时曾发生过一场血腥的捕杀。但异特龙也不是什么时候都能捕捉到新鲜的活物，因此，估计有时它会以其他肉食性动物吃剩的动物尸体为食。

气龙

异特龙的亲戚——气龙

气龙是生活在侏罗纪中期的肉食性恐龙，大约有3.5米长，高可达2米，古生物学家根据挖掘到的头骨化石以及部分躯体骨架复原组装后的结构发现，它的头骨轻盈，牙齿侧扁，呈匕首状，前后缘上有小锯齿，能撕裂生肉。强而有力的前肢上装备有强劲的爪子，可用来抓小型猎物或者大型动物坚韧的外皮。

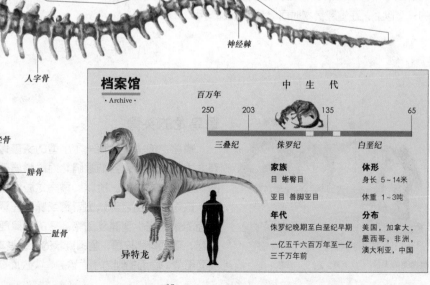

尾部脊椎

神经棘

股骨

坐骨

人字骨

胫骨

腓骨

跖骨

趾骨

档案馆
· Archive ·

百万年　　　　　　　中　生　代

250　　　203　　　　　　　135　　　　　　65

三叠纪　　侏罗纪　　　白垩纪

家族　　　　　　　　**体形**

目 蜥臀目　　　　　　身长 5~14米

亚目 兽脚亚目　　　　体重 1~3吨

年代　　　　　　　　**分布**

侏罗纪晚期至白垩纪早期　　美国，加拿大，墨西哥，非洲，澳大利亚，中国

一亿五千六百万年至一亿三千万年前

异特龙

嗜鸟龙

嗜鸟龙是生活在侏罗纪晚期的一种小型肉食性恐龙，到目前为止，人们只于1900年在美国怀俄明州发现了一具较为完整的嗜鸟龙骨架。嗜鸟龙习惯以后肢行走，其鞭子般的尾巴占身长一半以上，大的个体身长可能与高个子的人的身高相仿，但体重却十分轻，不超过一只中型狗。

嗜鸟龙化石的发现者

1900年，美国自然博物馆的理事欧斯本和其他的化石搜寻者发现了嗜鸟龙的头骨化石，欧斯本在1903年为之命名，此照片摄于1899年

头部狭长

嗜鸟龙到底有没有鼻嵴还不太确定

嗜鸟龙应该具有超常的视觉能力

长着利爪的前肢

嗜鸟龙

嗜鸟龙的外形

以前人们认为嗜鸟龙是种尾巴拖在地上的十分迟钝的恐龙，但实际上嗜鸟龙是一个敏捷的掠食者。它的颈部呈S形，后肢就像鸵鸟的后肢一样坚韧有力，并且还很长，所以它跑得很快。它的前肢也较长，并且可以抓握东西。许多躲在岩缝里的蜥蜴、草丛中的小型哺乳动物以及小型的恐龙都逃不过它的搜捕。嗜鸟龙上下颌前方的牙齿又长又尖，像把短剑，十分适合咬食猎物。鞭子般的尾巴占了身长的一半以上，在追赶猎物时可以起平衡的作用。

嗜鸟龙的头骨

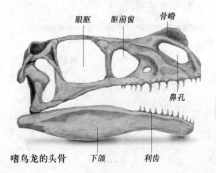

眼眶　眶前窗　骨嵴

鼻孔

嗜鸟龙的头骨　下颌　利齿

嗜鸟龙的头顶上有一个小型的头盖骨，在它的头骨上有大大的眼窝用来容纳眼睛，而眼睛后部的骨骼则与大型的肉食性恐龙很像。所以，嗜鸟龙应该具有超常的视觉能力，这可以帮助它辨认出奔跑或躲藏在蕨类植物以及岩石下面的蜥蜴和小型哺乳动物。它的口鼻部可能有一个骨质突起，下颌骨比较厚，呈圆锥状的牙齿基本集中在上下颌的前面部分，后面的则为小而弯曲、尖锐而宽扁的牙齿。

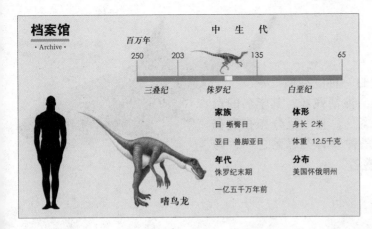

中 生 代

百万年

250   203   135   65

三叠纪   侏罗纪   白垩纪

家族	体形
目 蜥臀目	身长 2米
亚目 兽脚亚目	体重 12.5千克
年代	分布
侏罗纪末期	美国怀俄明州
一亿五千万年前	

嗜鸟龙

嗜鸟龙的前肢

　　嗜鸟龙的前肢较长，而且非常健壮，前肢的指上长着一根短而具利爪的拇指，还有两根带爪的长指头，这是它抓捕猎物的理想工具。此外，就像我们人类在抓握某些东西时，拇指会向内弯曲一样，嗜鸟龙也可以利用它掌上的第三个小手指向内弯曲，以便牢牢地抓住猎物。

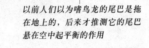

以前人们以为嗜鸟龙的尾巴是拖在地上的，后来才推测它的尾巴悬在空中起平衡的作用

在遇到危险时，嗜鸟龙会把头后又长又窄的鳞片竖起来

嗜鸟龙的生活形态

　　当嗜鸟龙发现目标时会突然跃起扑向猎物，这一方法适合捕捉早期的鸟类、类似鸟类的恐龙以及翼龙。但嗜鸟龙更常吃的也许是蜥蜴以及其他一些小型的哺乳动物，甚至是孵育中的其他恐龙。它既能快速地追捕猎物，又能躲避那些因巢穴被掠夺而狂怒的大恐龙。但也有人推测，嗜鸟龙可能会专找一些大型的恐龙进行围攻，或者以吃其他动物的腐尸为食。

强壮的后肢

嗜鸟龙的名字之谜

　　古生物学家在最初给嗜鸟龙取名时，认为嗜鸟龙的速度非常快，完全有能力吃掉像始祖鸟这样的鸟类祖先，而且嗜鸟龙与始祖鸟生活的时代也大致相同，所以就为它起了这个名字。但是根据现在挖掘的化石来看，还无法断定两者是否生活在同一个地区，而且也没有其他证据显示它真的捕捉过始祖鸟，所以这个名字有可能是名不副实的。

如果嗜鸟龙生活到现在，这只小鸟就可能会成为它的猎物

鲨齿龙

鲨齿龙是生活在白垩纪的一种巨型肉食性恐龙，长相凶残、性情残暴，其学名的意思是"长着鲨鱼牙齿的蜥蜴"。它广泛分布在现在非洲北部地区，是最大的三种兽脚类恐龙之一，与暴龙、南方巨兽龙"同享盛名"。

鲨齿龙的牙齿和现代鲨鱼的相似

鲨齿龙的外形

虽然鲨齿龙早在1931年就有了自己的正式学名，但一直到1995年，古生物学家才通过在撒哈拉沙漠发现的鲨齿龙化石了解到这种恐龙的真面目。鲨齿龙是到目前为止在非洲发现的最大的恐龙，它的头部比暴龙稍长，但脑量不及暴龙，头骨宽度也比较窄。它头部的前端是像鸟一样的嘴，牙齿则像现在的鲨鱼一样，齿形较薄并呈三角形。鲨齿龙的体形非常庞大，可能是当时其生活地区的霸主。

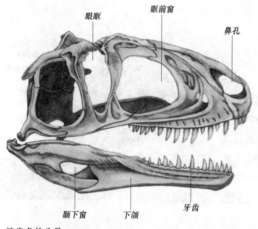

眼眶　　眶前窗　　鼻孔

颞下窗　　下颌　　牙齿

鲨齿龙的头骨
二战期间，保存在慕尼黑的棘龙化石被炸毁，古生物学家为了了解他们知之甚少的棘龙，开始在世界各地寻找棘龙化石，保罗·塞里诺就是在寻找棘龙化石时意外地发现了鲨齿龙的化石

短小的尾巴

承受身体重量的后肢

鲨齿龙的骨骼

鲨齿龙的头骨是美国芝加哥大学古生物学家保罗·塞里诺于1995年在非洲发现的。整个头骨上面总共有14颗新牙，总长为1.63米，比暴龙的头骨还要长10厘米。鲨齿龙的头骨虽然大，但它的大脑只有霸王龙的大脑一半那么大。通过对鲨齿龙头骨的研究，古生物学家还推测，鲨齿龙的股骨约长1.45米，体长为14米左右，高约7米。

鲨齿龙的生活形态

　　鲨齿龙是白垩纪早期活跃在非洲的数一数二的掠食者。在捕食时，它会利用体形庞大的优势，以两只强壮的后肢站立，猛力冲撞猎物。鲨齿龙最可怕的武器是它的大嘴，在它利用巨大的冲力冲向猎物后，再利用它的大嘴进行撕咬，猎物很快就会被撕烂。所以如果说鲨齿龙的亲属——南方巨兽龙是历史上体形最大的陆地肉食性动物的话，那么鲨齿龙就是历史上最强悍的陆地动物之一。

鲨齿龙和暴龙、南方巨兽龙是最大的三种兽脚类恐龙

鲨齿龙

用于抓捕猎物的前肢

像鸟一样的大嘴

呈香蕉形的脑袋

南方巨兽龙

鲨齿龙的亲戚—— 南方巨兽龙

　　南方巨兽龙是肉食性恐龙中体重最重的恐龙之一，其香蕉状的脑袋相对身体而言显得比较小巧，它的颅骨上可能有冠，嘴巴里长着一口锋利的牙齿，每颗牙有8厘米长。它习惯两足行走，前肢很短，但后肢健壮粗大，每只前掌上都长着三根指头，尾巴又尖又细。

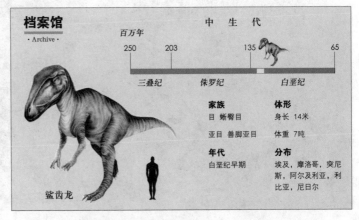

档案馆
· Archive ·

中 生 代

百万年				
250	203		135	65
三叠纪	侏罗纪		白垩纪	

家族	体形
目 蜥臀目	身长 14米
亚目 兽脚亚目	体重 7吨
年代	**分布**
白垩纪早期	埃及、摩洛哥、突尼斯，阿尔及利亚、利比亚、尼日尔

鲨齿龙

69

重爪龙

重爪龙是白垩纪早期的兽脚类恐龙，它拇指上的大爪像钩子一样锋利，足以使猎物毙命。重爪龙的化石是业余化石搜寻者威廉·沃克于1983年在英国萨里尼日地区发现的，这次所发现的骨架是目前唯一一具已知的重爪龙骨架，也是重爪龙所属的那个年代里保存得最好的恐龙遗骸。人们在重爪龙的体腔内发现了鱼的鳞片，所以推断这种恐龙可能会利用它的巨爪捕捉早期的鱼类。

威廉·沃克和他发现的重爪龙的大爪化石
沃克在英格兰东南部萨里郡寻找化石时，在一个脏乱的泥土坑里发现了这个超过30厘米长的大爪化石

重爪龙的外形

与大多数兽脚类恐龙不同，重爪龙的头部扁长，细窄的上下颌中长着128颗锯齿状的牙齿，窄长的口鼻部有匙状的尖端，这些特征使它的头和现代鳄鱼的头很像。重爪龙的前肢肌肉发达，掌部有三只强有力的手指，特别是拇指粗壮巨大，并长有一只超长的镰刀状钩爪。它拥有比多数大型兽脚类恐龙更长、更直的颈部，其肩膀有力，尾巴细长而坚挺，可以使身体保持平衡。

正在抓鱼的重爪龙

重爪龙的头部

重爪龙的头部长达1.1米，显得很狭长。它的嘴巴的前半部分相对于头部其他部位显得又圆又宽；颌部很长但很扁平，在上颌部有一处明显的转折；嘴中长满了尖锐的牙齿，能够方便地刺入并紧咬滑溜溜的猎物，这也为重爪龙以鱼为食提供了证据。重爪龙的头颅上还有另外一些值得注意的地方，比如它扭曲的上颌和鼻孔的位置，但生活于侏罗纪早期的双脊龙也有这两样特征。

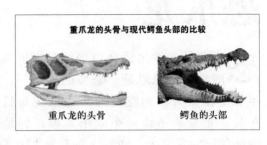

重爪龙的头骨与现代鳄鱼头部的比较

重爪龙的头骨　　　鳄鱼的头部

重爪龙的巨爪

重爪龙的大爪呈镰刀状，尖端如短剑般锐利，外侧弧线达31厘米长，再加上角质外层估计足有35厘米。重爪龙这尖锐并且弯曲的大爪有点像人类捕鱼用的大鱼钩，可以把比较重的鱼钩出水面，由此也可以看出重爪龙很有可能以捕鱼为生，当然它也可以用大爪来抓取两栖动物。重爪龙的爪是迄今为止人们所发现的最大的恐龙爪——暴龙那小小的前爪就不提了，迅掠龙第三趾的利爪只有12厘米，异特龙的前爪也仅有15.2厘米长。

令人生畏的巨爪

重爪龙的生活形态

科学家推断，重爪龙独特的口部和圆锥形的牙齿，使其不会进食9米以上的健康的植食性恐龙。但在重爪龙的胃部找到的小禽龙的骨头碎片证明，这种恐龙会以其他恐龙的尸体为食。另外，重爪龙的牙齿和上、下颌与鳄类非常相似，所以它很有可能生活在水边，或者潜入浅水中，用它那可怕的利爪猎捕鱼类，抓住鱼后带到蕨树丛中慢慢享用。后来，人们在重爪龙的胃部发现了大量的鱼鳞和鱼骨残骸，证明这的确是一种以鱼为主食、腐肉为辅食的恐龙。

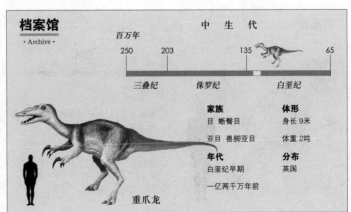

档案馆
· Archive ·

中 生 代

百万年

250	203		135		65
三叠纪	侏罗纪		白垩纪		

家族	体形
目 蜥臀目	身长9米
亚目 兽脚亚目	体重2吨
年代	**分布**
白垩纪早期	英国
一亿两千万年前	

重爪龙

恐爪龙

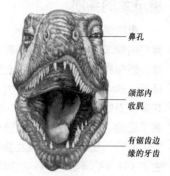

鼻孔

颌部内收肌

有锯齿边缘的牙齿

恐爪龙是一种生活在白垩纪早期的肉食性恐龙，它的学名的意思是"恐怖的爪子"，其化石是1964年在美国蒙大拿州发现的。恐爪龙身长不比一辆小汽车长，重量也不比一个成年人重，但是它的动作非常敏捷，脑容量又大，再加上前后肢都长有非常尖锐的爪子，所以被认为是最不寻常的掠食者。在这种身手矫健的恐龙杀手的化石被发现之前，人们一直以为恐龙是小脑袋、行动迟缓的爬行类动物呢！

恐爪龙的头部正面图

眶前窗

眼眶

颈部脊椎

肩胛骨

牙齿

颞下窗

颈肋骨

下颌

腕关节

鸟喙骨

恐爪龙的外形

恐爪龙是一种极具杀伤力的中小型恐龙，它的头部较大，上下颌很有力，嘴里长着尖利的牙齿，眼睛非常大。当恐爪龙扑向猎物时，其强而有力的颌部，两侧森然罗列、具有锯齿边缘的呈匕首状的大牙会让猎物胆战心惊。恐爪龙的前肢细长，掌上有三个带着尖长爪子的指，而且这些爪子都非常灵活，便于抓握东西，后肢的掌上长有四趾，它常以较长的第三根和第四根趾头着地，来支撑身体的重量，而第二趾上的爪子则号称"恐怖之爪"。除了这些之外，恐爪龙还有一双大眼睛和一条粗壮硬挺的尾巴。

爪

膝关节

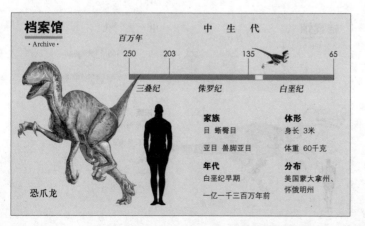

档案馆
· Archive ·

中 生 代

百万年

250   203   135   65

三叠纪   侏罗纪   白垩纪

家族	**体形**
目 蜥臀目	身长 3米
亚目 兽脚亚目	体重 60千克
年代	**分布**
白垩纪早期	美国蒙大拿州、怀俄明州
一亿一千三百万年前	

恐爪龙

趾骨

"恐怖之爪"

恐爪龙的尾巴

　　恐爪龙身体的各个部位似乎都是为攻击而设计的，其中包括它的尾巴。恐爪龙的尾巴强壮硬挺，这是因为其尾部脊椎中除了最接近身体的几节外，其余的都由骨质筋腱连接在一起，而脊椎骨节下方则有一根根指向前方的人字骨突起，与邻近的人字骨交叉锁定，从而使得尾巴更为挺直。当恐爪龙跃起攻击猎物时，挺直的尾巴会左右摆动以使身体平衡。

恐爪龙硬挺的尾巴可以让它们在攻击猎物时保持平衡

"恐怖之爪"

　　恐爪龙的"恐怖之爪"长在它后肢掌上的第二趾上，长约12厘米，形状就像一把镰刀，是恐爪龙捕杀猎物的重要武器。恐爪龙的利爪连接着韧带，在进攻时可以调整角度，将趾头以最大的弧度向下或向前戳向猎物；在行走或奔跑的过程中，则可以把第二趾缩起来，以免爪子因不断摩擦地面而变钝。这个收缩自如的利爪使恐爪龙成为恐龙世界中最厉害的"爪子杀手"。

恐爪龙后肢掌上的第二趾可以上下弯曲

背部脊椎

肋骨

肠骨

坐骨

股骨

人字骨

人字骨突出物

尾部脊椎

骨质筋腱

耻骨

胫骨

腓骨

恐爪龙的骨架复原图

恐爪龙的捕杀本领

　　恐爪龙有一套独特的捕杀本领，它会跳跃起来用前肢抓住猎物，其中一只脚着地以平衡身体，另一只脚则举起镰刀般的爪子踢向猎物，加上前肢利爪的配合，在猎物身上留下深深的伤口，进而将猎物开膛剖肚，之后，恐爪龙会张开血盆大口，咬住猎物后再往后扯，以便使牙齿轻易地切入肉里，撕裂、吞下大块的肉块。

三只恐爪龙攻击大型的腱龙

恐爪龙的生活形态

恐爪龙是体重较轻的肉食性恐龙，吃任何它可以捕杀并撕裂的动物。因此科学家们猜测它们很可能是以团队方式在乡野游荡，每个个体都会将所到之处的蜥蜴、小型哺乳动物攫掠一空。不过群体里的成员也会共同攻击体形比它们大得多的植食性恐龙。一群恐爪龙会突然一跃而起，一起扑向猎物，在猎物身上划出一道又一道伤口，使猎物因失血过多而死。

恐爪龙的亲戚——迅掠龙

迅掠龙是一种小型肉食性恐龙，生活在六千七百万年前白垩纪晚期，其化石是著名古生物学家亨利·费尔费尔德·奥斯本于1924年在蒙古的Djadochta和Barun Goyot发现的。迅掠龙长1.8米，能高速奔跑，和恐爪龙一样迅猛，也是令同时代的其他动物害怕的掠食性动物。迅掠龙和同科其他恐龙的主要差别在于头部，它的头部低而长，口鼻部扁平。

恐爪龙全身的各个部分都可以作为进攻的武器

体表有可能长有发状羽毛

头部比恐爪龙的要细长一些

迅掠龙

"恐怖之爪"在行走时会保持悬空状态

迅掠龙的外形

迅掠龙的体形不大，头部比较细长，颈部呈S形，颌部一共有80颗左右的尖利牙齿。迅掠龙的手部有三指，指端有爪，脚上的第二趾尖还长有镰刀状利爪。以前，科学家们重建迅掠龙形象时会在迅掠龙的外皮上覆盖鳞片，但后来研究证明，迅掠龙和鸟类有着密切的关系。所以，这种恐龙有可能会像鸟类一样全身覆盖着羽毛，用来保湿防热。

迅掠龙可能是拥有中文名字最多的恐龙。它的拉丁文名为Velociraptor，意思是"伶俐的聪明的盗贼"。在中文中，这一名字除译作迅掠龙外，还被译作伶盗龙、迅猛龙、疾走龙、速龙等。其中，伶盗龙也是它使用较多的中文名字之一。

迅掠龙的生活形态

虽然迅掠龙不是当时最大的肉食性动物，但却是最可怕的掠食者之一。这种动作快速、敏捷、两脚直立步行的掠食者有很好的视觉，甚至可看见立体的彩色影像，它们的大脑也相当发达，能够快速学习并有良好的四肢协调能力。快速的奔跑可让它们很快追上比自己重好多倍的植食性恐龙，然后利用脚上的镰刀形尖爪，和成群的集体攻击策略，让许多大型植食性恐龙丧命。

1971年在内蒙古发现的化石当中，一只迅掠龙与一只原角龙经过缠斗双双死亡。当时迅掠龙的双手抓着原角龙的头盾，脚上的尖爪则插入原角龙的腹部

恐爪龙会用可怕的利爪割开猎物的腹部

迅掠龙和恐爪龙的异同

迅掠龙和恐爪龙家族的关系很近，它们也有很多的相似之处。它们的头颅都比较大，并且都拥有立体的视觉；它们细长的前肢位置都靠前，指上都带有灵活的便于抓握的利爪；腿部纤巧，能够高速度地跳跃和奔跑；这两种恐龙的脚趾第二趾都进化成为巨大的镰刀状的爪子。但是迅掠龙的前颌部侧面凸起，使得上颚孔短而圆，前颌骨突起且上颌骨更长，缺乏单独的前额骨。

尾羽龙

在中国辽宁西部地区，古生物学家们找到了很多长着羽毛的恐龙的化石，尾羽龙就是其中很重要的一种，这种形似火鸡的长腿动物混合了两种动物的特征：嘴喙、羽毛和短尾都像鸟类，牙齿和骨骼构造却明显形同非鸟类的兽脚类恐龙。有的古生物学家认为，尾羽龙由某种丧失飞行能力的鸟类进化而来，而有的古生物学家认为，尾羽龙的喙部、尾骨和髋骨部位的特征暗示它与窃蛋龙有着亲缘关系，它的羽毛与鸟类的羽毛没有直接的联系。

尾羽龙的外形

尾羽龙是一种杂食性恐龙，但它同时又具备了鸟类的特征，其外形看起来就像一只火鸡。它的头部及喙部都很短，前肢的长度比一般的兽脚类恐龙短，尾巴也不长，尾椎骨在所有已知恐龙中是最短的。更与众不同的是，尾羽龙的体表覆盖着羽毛，这些特征使不少古生物学家认为它属于鸟类。不过它的前肢掌上长有三指，且指端都有短爪，它的骨骼以及牙齿也都具有恐龙的典型特征，这些都证明尾羽龙是兽脚类恐龙。

喙部较短

前肢上长有指爪，这是尾羽龙不属于鸟类的一个证据

尾羽龙

尾羽龙是兽脚类恐龙中的一个异类

尾羽龙的羽毛

尾羽龙的羽毛可以分为长羽毛和短绒羽毛两种，长羽毛分布在它的前肢、掌部和尾部，而短绒羽毛则覆盖着它的躯干。这些羽毛不能帮助尾羽龙飞行，而只是用来保暖或吸引配偶，因此颜色可能非常艳丽。同时这也向我们表明，羽毛不能再作为鉴定鸟类的标准，因为羽毛出现在鸟类出现之前，所以长羽毛的动物未必就是鸟类。

尾羽龙的翅膀羽毛

羽毛的颜色很艳丽

绒羽能起到保暖的作用，
也可以用来吸引异性

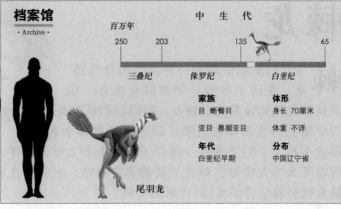

档案馆
· Archive ·

中 生 代

百万年				
250	203		135	65
三叠纪	侏罗纪		白垩纪	

家族	**体形**
目 蜥臀目	身长 70厘米
亚目 兽脚亚目	体重 不详
年代	**分布**
白垩纪早期	中国辽宁省

尾羽龙

中华鸟龙的脊柱和体表有着流苏一样的纤
维状结构，这种结构有可能是羽毛的前
身，它没有飞翔功能，只用来保持体温

中华鸟龙

中华鸟龙也是长羽毛的恐龙之一，生存于距今约1.4亿年的侏罗纪晚期，其化石是1996年在中国辽宁西部发现的。中华鸟龙拥有一个大头颅，身长约1米，体形大小与鸡相近，前肢短小，后肢长而粗壮，嘴里长有锐利的牙齿，这说明它是一只活跃的掠食者。和尾羽龙一样，中华鸟龙身上也长有绒状细毛，可能是鸟类起源和演化的祖先之一，但它那条由多达58节的尾椎骨所组成的特长尾巴显示，它是兽脚类的恐龙而非鸟类。

小盗龙可能像鸟一样栖息在树上，也能
在林间自由滑翔，但还不具有现代鸟类
飞行的能力

小盗龙

小盗龙是目前发现的第六种长着羽毛的恐龙，在它之前发现的长羽毛的恐龙依次有中华鸟龙、原始祖鸟、尾羽龙、北票龙和千禧中国鸟龙。小盗龙的体形和始祖鸟相仿，体长不足40厘米。根据它后肢的特征得知，它可能栖息在树上，而且可以在林间自由滑翔。小盗龙可分为赵氏小盗龙和顾氏小盗龙，其中赵氏小盗龙的发现大力支持了鸟类飞行的"树栖起源"假说。

棘龙

棘龙是白垩纪中期的一种巨型肉食性恐
龙，生活于非洲，主要以鱼为食。由
于目前发现的棘龙化石极少，所以我们从棘龙化
石中得到的数据非常有限，以至于这种体形和
暴龙不相上下的恐龙很少现身于屏幕上和文学作品中，
所以不太为人所知。棘龙的长相非常奇特，在外形上的
最大特征就是背部高达1.6米的背帆。

棘龙主要以鱼为食

棘龙的外形

棘龙是非洲特有的恐龙。它虽然不如暴龙有名
气，但是从其体形和满口利齿来看，应该是一种和
暴龙一样可怕的肉食性动物。棘龙全长15
米，臀部高约2.7米。它的背部
有很多骨质突起，上面覆盖
着表皮，看起来就像小船上
扬起的帆。棘龙的前肢比后肢
要短小很多，因而可以肯定它
比较习惯以后肢行走。

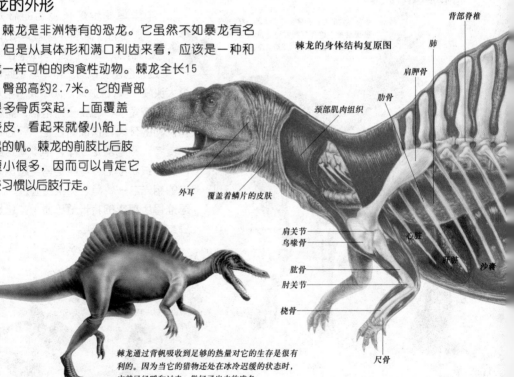

棘龙的身体结构复原图

背部脊椎

肺

肩胛骨

肋骨

颈部肌肉组织

外耳

覆盖着鳞片的皮肤

肩关节

鸟喙骨

心脏

肱骨

肘关节

肝脏

沙囊

桡骨

尺骨

爪

棘龙通过背帆吸收到足够的热量对它的生存是很有
利的。因为当它的猎物还在冰冷迟缓的状态时，
它就已经暖和过来，做好了出击的准备

棘龙的背帆

棘龙背部的帆状背板由一组长长的脊柱支撑着，每根脊柱都是从脊骨上直挺挺地长出来的，
这使得这张帆完全不能收拢或折叠。目前人们一般认为棘龙背帆的用途是散热。棘龙可能在早晨太
阳升起时，让背帆面向太阳的方向吸收热量，使血液暖和起来，保持可以用来活动的能量。而等到
白天很热的时候，它可能躲在树荫下或者直接面向太阳，通过减小背帆的受热面积来调节体温。此
外，背帆里面的微血管会帮助棘龙把身体里面多余的热量散发出来。

激龙

　　激龙生活在约1亿年前，和棘龙的血缘关系很近。1966年，古生物学家在巴西北部发现了迄今为止保存得最完整的激龙头骨。按照头骨的大小推测，此激龙个体的身长为7～8米。激龙的头骨由后往前显著变窄，尤其是鼻骨部特别长，其颌部的牙齿相当直，只有一个略微弯曲，所有牙齿都带有薄而有钩的牙釉质，有着明显的平滑的啮切缘。这一牙齿构造与棘龙的牙齿构造非常接近。

激龙

似鳄龙

　　似鳄龙是生活于白垩纪早期的兽脚类恐龙，其化石是1997年在撒哈拉沙漠发现的，这只还没有完全成年的似鳄龙体长有11米，除了背上有棱脊之外，似鳄龙和重爪龙惊人地相似，因此有些科学家猜测，似鳄龙根本就是长大了的重爪龙。似鳄龙的口鼻部窄长，前端呈桨状，两个鼻孔位于头部极后端，或许这可以让它在水底觅食或将头伸入恐龙尸骸时还可以呼吸。它的前肢有力，指状的爪子可以从水中钩出1米长的鱼。

似鳄龙

神经棘

肠骨

尾部侧面的肌肉组织

尾巴

坐骨

肠腔肌

耻骨

后侧小腿肌

后肢

股骨

腓骨

前侧小腿肌

拇趾

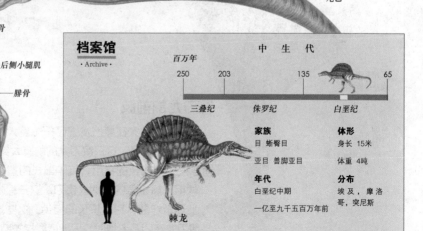

档案馆
· Archive ·

中　生　代

百万年

250	203	135		65
三叠纪	侏罗纪	白垩纪		

家族
目　蜥臀目
亚目　兽脚亚目

年代
白垩纪中期

一亿至九千五百万年前

体形
身长　15米
体重　4吨

分布
埃及，摩洛哥，突尼斯

棘龙

镰刀龙

镰刀龙是一种行动缓慢的大型兽脚类恐龙，长相非常奇特，与我们所了解的一般兽脚类恐龙不太一样。古生物学家认为，镰刀龙是肉食性恐龙中一种特化的类群，可能以植物为食，它所具有的一系列异化特征可能都是趋同演化的结果。镰刀龙主要分布于今东亚和北美洲，大半种类生存于白垩纪。

镰刀龙的外形

目前出土的镰刀龙骨骼并不完整，古生物学家只能依据与它有亲缘关系的其他恐龙来推测它的长相。他们认为镰刀龙是一种行动迟缓、以后肢行走的大型恐龙。镰刀龙的头部比较小，双颌较为狭长，口中无齿，颈部又长又直，臀部相对宽厚；前肢很长，指上有锋利的爪子，后肢粗壮，宽大的脚趾上也长着爪子；尾巴较短而且僵直。

小头

长颈

镰刀龙的指尖太长了，以致于它在四肢着地时，只能依靠指关节支撑

前肢

臀部比典型的兽脚类恐龙要宽

尾部有助于支撑起身体的重量

镰刀龙的大爪

镰刀龙

镰刀龙的前肢

古生物学家在蒙古发现了一个巨大的镰刀龙前肢化石，以及一些爪子化石。这只镰刀龙的前肢大约长2.5米，在它的掌部有三根延伸加长的指爪，其中最长的指爪长达75厘米，形状就像用来除杂草的长柄大镰刀。这三根指爪两侧扁平，由下向上逐渐弯曲，形成狭长的指尖。这些指尖如此之长，以至于镰刀龙在四肢着地时，只能依靠指关节支撑。

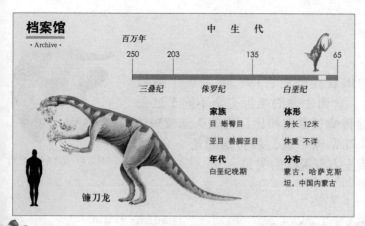

档案馆
· Archive ·

中 生 代

百万年

250   203   135   65

三叠纪   侏罗纪   白垩纪

家族
目 蜥臀目

亚目 兽脚亚目

年代
白垩纪晚期

体形
身长 12米

体重 不详

分布
蒙古，哈萨克斯坦，中国内蒙古

镰刀龙

镰刀龙的生活形态

镰刀龙习惯以后肢行走，在行走时，它用两条较长的后肢缓步前进。而在找寻食物时，它可能会以臀部坐在地上，因为镰刀龙的臀部比典型的兽脚类恐龙要宽，并且它的尾部能帮它支撑起身体的重量。坐在地上后，镰刀龙会伸长脖子啃咬树木，或者直接用前肢把树枝拉到嘴边食用。而当它遇到肉食性恐龙的时候，虽然它长长的爪子不能用于撕裂敌人，但也可以用来吓退对方。

镰刀龙的骨架复原图

镰刀龙化石的发现

1999年8月，中国古生物学家张晓虹、谭琳等人在内蒙古自治区二连盆地发现了一具小型的镰刀龙骨架化石。这只恐龙大约生活在距今8000多万年前，体长2米，身高不超过1米，长着狭长的脑袋，还拥有带钩的爪子、尖细的牙齿和瘦长的尾巴。其颈部大约有0.7米长，至少有14个颈椎骨，相较于身体而言，是在目前已知镰刀龙类中颈部最长的。

北票龙是肉食性动物，图中三只北票龙飞奔而来，一些同样具有羽毛的小型恐龙纷纷逃窜

镰刀龙的亲戚——北票龙

北票龙也是兽脚类恐龙，属于镰刀龙类，它生活在1.2亿年前，比其他镰刀龙类的年代都要久远，在进化程度上也就比较原始。北票龙的身上长着一种形态较为原始的羽毛，体长相当于高个子的人类，不过躯体厚重得多。其头部显得较大，下颌齿有冠饰，颈部较长，掌部比大腿长，足上有三趾，趾上也有锋利的钩爪。

食肉牛龙

食肉牛龙的头颅看起来和牛的头很像

食肉牛龙是一种大型的肉食性恐龙，1985年发现于阿根廷，属于亚伯龙类群。食肉牛龙的颅骨完全不同于过去所发现的任何恐龙。和其他兽脚类恐龙相比，它的头部较短较厚，非常像牛头。最特别的是，它的眼睛上方有翼状的尖角。

头上的尖角是食肉牛龙最突出的特征

背部两侧的鳞片呈半圆锥形，比别的部位的要大

长而矫健的尾巴能帮助食肉牛龙保持平衡

前肢小得可怜，掌上有四指

身体上到处都覆盖着鳞片

食肉牛龙

后肢长而强壮，看来善于奔跑

食肉牛龙的外形

食肉牛龙的头部短而厚实，上下颌长满了像剔肉刀一样的锋利牙齿，深厚的口鼻部显示它可能具有大型的鼻部器官和敏锐的嗅觉。食肉牛龙的眼睛上方还长着一对短角，看起来非常醒目。它的身长相当于两辆小汽车相接的长度，前肢和身长比起来，就显得很短小，但后肢却长而强壮，长长的脊柱上还长有翼状凸起。食肉牛龙还有一条长而矫健的尾巴，这条尾巴能帮助它保持平衡。

食肉牛龙的头颅

食肉牛龙的头颅看起来厚重有力，食肉牛龙有可能会用头部攻击幼小的蜥脚类恐龙或体形中等的鸟脚类恐龙。但是它的下颌看起来修长而细弱，牙齿也不够坚固，看来根本无法对付大型猎物。这些特征显示出食肉牛龙有可能以腐尸为食，或拥有独特的猎捕方式。食肉牛龙有一对稍微朝向前方的眼睛，这或许有助于它们观察猎物。

食肉牛龙有些时候和现生秃鹫一样以腐尸为食

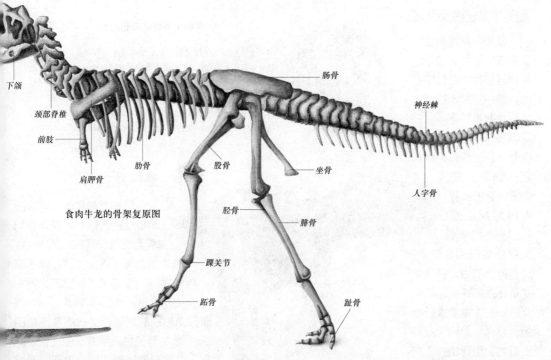

下颌

颈部脊椎

前肢

肩胛骨

肋骨

股骨

肠骨

坐骨

神经棘

人字骨

胫骨

腓骨

踝关节

跗骨

趾骨

食肉牛龙的骨架复原图

食肉牛龙的尖角和前肢

食肉牛龙最明显的特征是它头上的一对尖角，这对形状像翼的尖角长在它眼睛的上方。古生物学家们目前还不能确定这对尖角的用途，因为这对尖角看起来既不够大，也不够硬，不太可能被当作武器来攻击敌人。所以他们猜想，这对角也许是随着身体发育成熟而长出来的，标志着食肉牛龙已经成年。此外，食肉牛龙的前肢小得可怜，掌上有四指，对食肉牛龙的生活可能根本不起什么作用。

食肉牛龙头上的尖角的用途让人费解

食肉牛龙的皮肤

在发现食肉牛龙的化石时，古生物学家发现食肉牛龙细腻的化石表皮压痕也被保存了下来。化石显示，食肉牛龙的身上覆盖着数以千计、互不重叠的鳞片，这些鳞片呈圆盘状，大小、形状十分相似，比这些鳞片大得多的半圆锥形的鳞片则排列在背部的两侧。古生物学家推测，可能所有大型兽脚类恐龙的体表上都有这类鳞片。

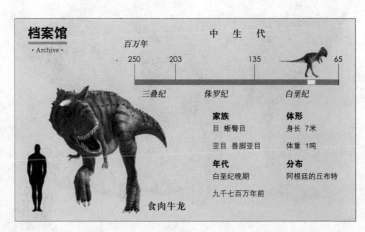

档案馆
· Archive ·

中　生　代

百万年

250　　203　　　　135　　　　65

三叠纪　　侏罗纪　　　白垩纪

家族
目　蜥臀目
亚目　兽脚亚目

年代
白垩纪晚期

九千七百万年前

体形
身长　7米
体重　1吨

分布
阿根廷的丘布特

食肉牛龙

食肉牛龙的生活形态

食肉牛龙可能会猎食鸟脚类恐龙。它那两条长而强壮的后肢使它比其他一些大型的肉食性恐龙要灵活得多，它可以迅速扑向猎物，在猎物还没反应过来时将它们抓获。它的尾巴在它的头伸向前方捕获挣扎的猎物时能起到平衡的作用。如果没有尾巴的话，食肉牛龙是无法高速运动的。此外，古生物学家们推测，食肉牛龙除了会袭击猎物，也可能会去吃动物的腐肉。

亚伯龙类群的分布特点

白垩纪时的地球

亚伯龙类群中的大部分都生活在南美洲和印度，这种明显的分布特点显示它们很可能是在南方的超级大陆——冈瓦纳古陆（包括南美洲和印度）与北方的超级大陆——劳拉西亚古陆（包括北美洲、欧洲和亚洲）分离之后，才在冈瓦纳古陆上扩展开来的。至于有些亚伯龙类群恐龙生活在欧洲的情况，可以用冈瓦纳古陆和劳拉西亚古陆之间曾有过陆地短暂相连来解释。

亚伯龙

亚伯龙类群

亚伯龙类群是1985年由阿根廷的古生物学家邦那帕提和诺瓦斯发现并命名的，食肉牛龙就属于这个类群。除了食肉牛龙外，亚伯龙类群的成员还包括亚伯龙、奥卡龙、奇趾龙、马宗格厚头龙和印度龙等。这一类群成员的颅骨完全不同于过去所发现的任何恐龙类型，并且具有陡峭的短口鼻部，双眼上方有加厚的骨或角。

亚伯龙

亚伯龙是白垩纪晚期的一种肉食性恐龙。亚伯龙的头骨长85厘米，体长9米，体重约1.4吨。虽然亚伯龙没有像食肉牛龙那样的尖角，颈部相比食肉牛龙也较长，而且还有个钩鼻，但其骨骼的细部特征却证明它和食肉牛龙有着血缘关系。

食肉牛龙和丘布特龙比邻而居，所以食肉牛龙经常会袭击丘布特龙

虽然有成年恐龙看护，但巢穴中的小萨尔塔龙仍难逃奥卡龙的猎食

奥卡龙

　　奥卡龙也是亚伯龙类群中的一员，生活于白垩纪晚期，是肉食性恐龙。其学名"Aucasaurus"的意思是"厄瓜多尔奥卡族印第安人"，是根据1999年在阿根廷发现的一具几乎完整的化石命名的。奥卡龙大概有4米长、1米高、0.7吨重，最独特之处是其头部有非角状的肿块。奥卡龙和食肉牛龙也有很近的血缘关系。

奥卡龙

亚伯龙类群的其他成员

　　除了食肉牛龙、亚伯龙和奥卡龙外，亚伯龙类群还包括其他几种恐龙。例如，1986年在南美洲发现的奇蹄龙，学名意思为"踝部奇怪的蜥蜴"。马宗格厚头龙也属于亚伯龙类群，这是一种凶猛的掠食性动物，其厚实的头部长有骨质隆起，体长可能超过9米。1998年人们曾在马达加斯加岛上发现了一件接近完整的马宗格厚头龙颅骨。除此之外，还有生活在印度的印度龙等，也许欧洲也生活着一些食肉牛龙的亲戚。

慢龙

窄小的头部

多肉的颊袋

长而能够随意弯曲的颈部

慢龙身躯沉重，身长有6~7米，相当于现代最大型的鳄鱼。这种恐龙不能像其他兽脚类恐龙那样快速奔跑和捕食活的动物，大多数情况下都是缓慢地踱步，因此而得名。慢龙是一种非常奇特的恐龙，目前被归入兽脚类，但是它同时又具有原蜥脚类恐龙和鸟臀目的特征，所以有一部分古生物学家倾向于将它独立列为一个目。现今发现的慢龙大都生活在白垩纪晚期的蒙古地区，只有在中国广州南雄发现的南雄龙是个例外。

肩膀

慢龙的外形

慢龙的头和身体相比起来显得比较小，而且非常狭窄，下颌单薄，吻端是无齿嘴喙。其脸颊比较宽大，进食时可以避免食物漏出来，两颊还有多肉的颊囊，其颈部较长，而且能够随意弯曲。慢龙的前肢肌肉发达但较短，掌上有三指，指端是弯钩状的大爪；后肢粗壮，股骨比胫骨长，脚板宽厚，足部可能长有蹼，掌部有四根带爪的趾头。

肌肉发达强壮的手臂

具三指的手

巨大弯曲的爪子

慢龙的骨盆

一直以来，古生物学家都认为慢龙是一种兽脚类恐龙。但是随着研究的不断深入，他们却对这种恐龙感到越来越疑惑。慢龙骨盆上的髂骨（即肠骨）很低平，前方的骨突发育良好并向外伸出，耻骨呈直线形，外缘很厚并斜向后方与坐骨挨在一起，这些特征与鸟臀目恐龙相同，而大部分蜥臀目恐龙的耻骨都是斜向前方的。

短而宽的脚

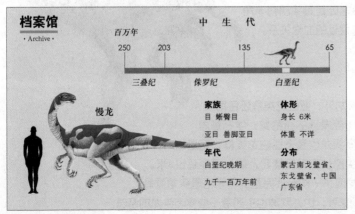

档案馆
· Archive ·

中 生 代

百万年

250　　203　　　　135　　　　65

三叠纪　　侏罗纪　　　白垩纪

慢龙

家族	**体形**
目 蜥臀目	身长 6米
亚目 兽脚亚目	体重 不详
年代	**分布**
白垩纪晚期	蒙古南戈壁省、东戈壁省，中国广东省
九千万~一百万年前	

慢龙的骨盆

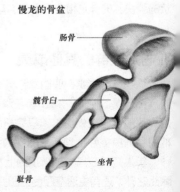

肠骨

髋骨白

坐骨

耻骨

慢龙的生活形态

　　慢龙四肢的骨骼表明它行动时的动作相当缓慢，也许最多只能快速行走或者慢跑。因为慢龙的股骨比胫骨要长，而且脚掌部又宽又短，所以它根本无法像大部分兽脚类恐龙那样追逐并捕捉活的猎物。而且，古生物学家们至今无法确认慢龙究竟以什么为食。因为慢龙的嘴巴前方没有牙齿，这与某些植食性动物的特征相同，但是它的颊齿却又相当锋利，能够切割食物，这点与其他肉食性恐龙是一样的。

白蚁和鱼都可能成为慢龙的食物

具有鳞片的皮肤

慢龙

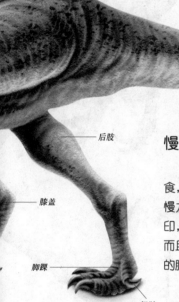

后肢

膝盖

脚踝

拇趾

慢龙的食性

　　关于慢龙的食性，古生物学家们众说纷纭。有的认为，慢龙以蚁为食，它有力的前肢和长长的爪子可以轻易地挖开蚁巢取食；有的认为，慢龙在水中捕食，因为人们曾在慢龙化石附近发现一串具蹼的四趾脚印，这可能是生活在水域附近的慢龙留下的；还有的认为慢龙吃植物，而且它趾骨向后，使它的腹部有更大的空间来容纳消化植物所需的很长的肠子。至于真实情况到底是怎样的，可能还需要更多的证据。

慢龙的代表——南雄龙

　　南雄龙是在蒙古以外地区发现的唯一的慢龙类代表，其化石是在中国广州的南雄盆地上出土的。当时发现的南雄龙化石包括了11节颈椎、10节脊椎、5块骶骨以及第一节尾椎，同时还发现了一个骨盆化石。古生物学家正是依据它的骨盆构造把它归入慢龙类的。通过对南雄龙化石的分析研究得知，南雄龙的颈部相对较短，而且颈部脊椎骨的构造比较奇特，背部的神经棘低平而宽阔。

南雄龙

拟鸟龙

拟鸟龙是一种外形酷似鸟类的恐龙，体轻腿长，善于奔跑，虽然它早在1891年就已被发现并命名，但直到今天，古生物学家们还在争论：它有没有羽毛？如果有羽毛的话，是用来飞行的还是用来保暖的？它的食物是植物还是动物？这些问题至今还没有答案。

拟鸟龙

短厚的头部

体表和前肢可能覆有羽毛，但现在还没有找到足够的证据

拟鸟龙的外形

拟鸟龙是一种习惯两足行走、长相类似鸟类的兽脚类恐龙。它体轻腿长，头部比较厚短，颈部较长。有的古生物学家猜测，拟鸟龙的前肢上可能覆盖着羽毛，而不是像其他恐龙一样长有爪子，但目前还没能找到能证明拟鸟龙的身体或前肢上长有羽毛的直接证据。不过拟鸟龙的前肢很短，所以即使有羽毛也无法当作翅膀使用。但其后肢较长，可能比较善于奔跑。它还长有一条含有骨质核心的长尾巴，这是它与鸟类的最大区别。

拟鸟龙的外形很像鸟类，并且它骨骼的结构也和鸟类相似

拟鸟龙的头部

拟鸟龙的头部形状很像现代的鸟类。它的眼睛很大，能够帮助它观察四周的动静。拟鸟龙的口中可能没有牙齿，所以它主要依靠喙部啄取食物。它喙部的上方边缘有突出部分，这使它在啄食时能够紧咬住食物。此外，拟鸟龙的头部后方可能覆有比较长的羽毛，用来取暖。

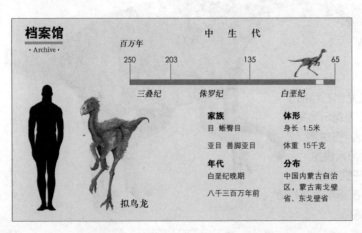

档案馆
· Archive ·

	中　生　代		
百万年			
250　　203		135	65
三叠纪	侏罗纪	白垩纪	

家族
目 蜥臀目
亚目 兽脚亚目

体形
身长 1.5米
体重 15千克

年代
白垩纪晚期
八千三百万年前

分布
中国内蒙古自治区、蒙古南戈壁省、东戈壁省

拟鸟龙

拟鸟龙的骨骼

从拟鸟龙的骨架特征来看，它的骨盆结构具有明显的蜥臀目恐龙的特征。但它的骨骼与鸟类的骨骼也有相似之处，它前肢的掌骨基部（相当于人类腕部）是愈合在一起的，所以它可以把前肢进行折叠，就像鸟类把翅膀收起来一样。在前肢的一根骨骼上，人们还发现了类似鸟类用来附着飞行羽毛的一块较粗的突出，这为拟鸟龙的前肢上可能有羽毛提供了一个直接证据。此外，它蹠骨上的愈合也很像鸟类的构造。

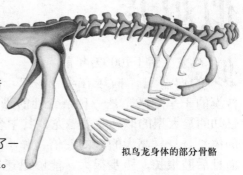

拟鸟龙身体的部分骨骼

长有尾巴是拟鸟龙和鸟类的最大区别

拟鸟龙的生活形态

究竟拟鸟龙是怎样生活的，古生物学界还没有一个比较统一的说法。目前，针对拟鸟龙依靠什么生活主要有三种观点。有些古生物学家认为，拟鸟龙是植食性恐龙，它只能用它的喙部去啄食一些植物的果实，并以此为生；也有些古生物学家认为，拟鸟龙是肉食性恐龙，它能够快速追逐小动物，等抓到猎物之后，它就会用喙去啄取动物身上的肉进行吞食；还有一种观点认为，拟鸟龙能够利用羽毛进行短距离的飞行去捕捉飞虫。

拟鸟龙的后肢较长，习惯两足行走

似鸟龙

拟鸟龙和似鸟龙的区别

古生物学家在翻译拟鸟龙（Avimimus）和似鸟龙（Ornitho-mimus）这两种恐龙的拉丁学名时，把两者的英文都译成了"bird minic"，即"鸟的模仿者"，其实它们是两种不同的恐龙。首先，这两种恐龙生活的地区不同，拟鸟龙生活在亚洲，似鸟龙主要生活在北美洲、欧洲等地，不过亚洲也有它的踪迹；其次，两者个体的大小也不同，似鸟龙有拟鸟龙的三四倍长。

拟鸟龙的头部

似鸡龙

似鸡龙生活于7000万年前的白垩纪，栖居在半沙漠的干旱地区，是一种杂食性的恐龙。似鸡龙是目前已知的最大型的似鸟龙类恐龙，其学名意为"小鸡仿制品"，但它的体长是身材高大的人的三倍，和小鸡相去甚远。似鸡龙的身体相当轻盈，而且后肢很长，跨步很大，能够迅速逃脱大型肉食性恐龙的追捕。它看起来像一只大鸵鸟，长着长脖子和没有牙齿的嘴，但它没有羽毛，也没有翅膀。

似鸡龙的骨架复原图

大眼睛

灵活的颈部

似鸡龙

似鸡龙的外形

似鸡龙长着一个小脑袋，喙部狭长，嘴中没有牙齿，颈部细长而又灵活，这些特征都与现代的鸟类相似。但不同的是，似鸡龙没有羽毛，也没有翅膀。似鸡龙的前肢要比后肢短，两掌上各长着三个锋利的爪子，但这些爪子对于它抓取东西并没有起到很好的帮助。它的尾巴僵硬挺直，而且越往末端尾巴越尖。

似鸡龙的头部

前肢的爪子虽然尖利，但是对似鸡龙抓取东西并没有多大帮助

后肢强健有力，在危险来临时只凭健壮的后肢就能逃脱敌人的追逐

似鸡龙的头部

似鸡龙头部最大的特征就是一双大大的眼睛，它的眼睛生在头部的两侧，位置高高在上，这样的构造虽然不利于似鸡龙准确判断猎物或者天敌的距离，但是却能使似鸡龙在灵活颈部的帮助下获得全方位的视野，发现周围的情况。似鸡龙还拥有鸟嘴一样的喙部，并且喙部外还有一层角质状的鞘覆盖着。它的口鼻部比较狭长，口中没有牙齿。

似鸡龙的后肢

虽然似鸡龙的后肢与我们后面将要提到的似鸵龙比起来要短一些，但也还算是强健有力的。似鸡龙后肢的骨骼包括了股骨、胫骨、跗骨和趾骨，脚掌的三个趾上都长着利爪。它的踝关节的位置相当高，踝骨的长度相当于股骨的五分之四，大腿上的肌肉非常发达。这些特征使似鸡龙奔跑的速度非常快，当周围有危险来临时，没有任何自卫武器的似鸡龙只能依靠健壮的后肢逃脱掠食者的追逐。

一只似鸡龙正抬头警惕地观察着四周

似鸡龙的生活形态

一直以来，似鸡龙都被认为是植食性恐龙，但后来经过古生物学家的不断研究考证得知，似鸡龙有可能是杂食性恐龙。在一般情况下，它以植物为食，但它也会吃小昆虫和蜥蜴，有时还会利用前肢上的爪子挖取土里的蛋吃。总之，只要是那些能一口吞下去的食物它都可能会吃。似鸡龙的身体结构决定了它无法去攻击其他恐龙，以它们为食。似鸡龙在活动的时候，会高抬着头侦察四周的状况，以防其他肉食性恐龙的袭击。

硬挺的尾巴有助于似鸡龙在奔跑时保持平衡

在亚洲发现的古似鸟龙是似鸟龙类群中的一种

似鸟龙类群

古生物学家把兽脚类恐龙中形态像鸟的恐龙归属为似鸟龙类群。这个类群出现在白垩纪的末期，主要分布在北美的西部、欧洲、亚洲的蒙古和中国内蒙古等地。它包括了古似鸟龙和后来进化派生的似鸡龙、似鸵龙、似鹈鹕龙等。似鸟龙类群可能在开阔的荒野中到处游荡并啄食食物，有时也可能咬食小型动物。

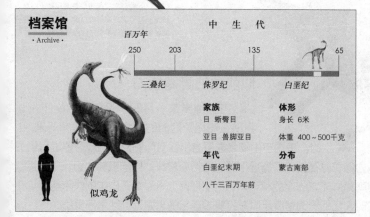

档案馆
· Archive ·

百万年			中 生 代			
250	203		135			65
	三叠纪	侏罗纪		白垩纪		

家族
目 蜥臀目
亚目 兽脚亚目

体形
身长 6米
体重 400～500千克

年代
白垩纪末期
八千三百万年前

分布
蒙古南部

似鸡龙

似鸵龙

似鸵龙就是像鸵鸟的恐龙，它是腔骨龙类恐龙演化到白垩纪时的代表性动物，与似鸟龙非常相似，它们的样子都像鸵鸟。与鸵鸟不同的是，似鸵龙的身后还拖着一条长尾巴，身上光秃秃的没有羽毛，前肢上还有前爪。似鸵龙的身体纤细灵活，据推测，它的跑步速度非常快，可能高达70千米/每小时。

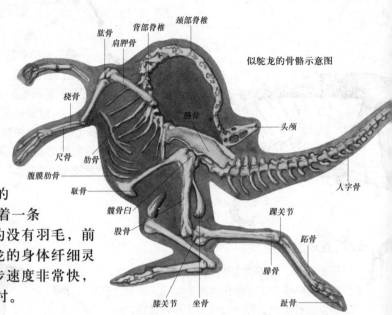

似鸵龙的骨骼示意图

肱骨　背部脊椎　颈部脊椎
肩胛骨
桡骨
肠骨
尺骨　肋骨　头颅
腹膜肋骨　耻骨
髋骨白　人字骨
股骨　踝关节
跗骨
腓骨
膝关节　坐骨　趾骨

似鸵龙的外形

似鸵龙的外形像现在的鸵鸟，头较小，牙齿已经退化，代之以角质的喙，颈部细长而运动灵活。似鸵龙的身体结构轻巧，有一对长而苗条的后肢，小腿骨长于大腿骨，三个脚趾着地，而脚趾上平直、狭窄的爪子能够防止它在奔跑时打滑，这使似鸵龙行动敏捷，擅长奔跑。但与鸵鸟不同的是，似鸵龙有一条长长的尾巴，这条长尾巴不像它的颈部那样灵活，显得非常僵硬。

健步如飞的似鸵龙

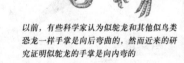

以前，有些科学家认为似鸵龙和其他似鸟类恐龙一样手掌是向后弯曲的，然而近来的研究证明似鸵龙的手掌是向内弯的

似鸵龙的奔跑能力

古生物学家一直在争论似鸵龙能不能达到现在鸵鸟奔跑时的最快速度，即80千米/小时。美国古生物学家罗舍尔在对似鸵龙的四肢骨骼进行研究之后，认为似鸵龙在受惊的情况下可以跑得非常快，可能能够达到鸵鸟的奔跑速度。但就算似鸵龙的速度减半，它也能称得上是恐龙王国中的快跑能手。在遇到危险时，它的奔跑速度足以把打算袭击它的恐龙远远地甩在身后。

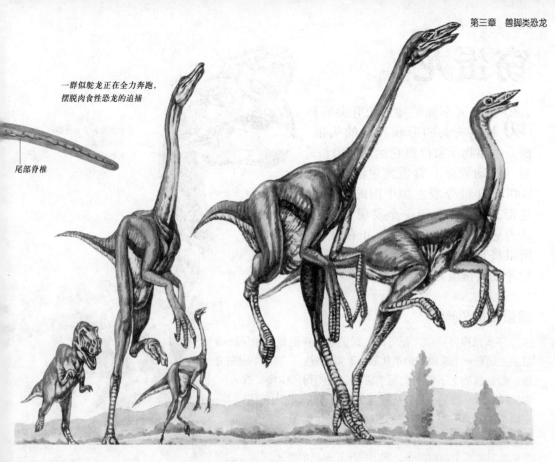

一群似鸵龙正在全力奔跑，摆脱肉食性恐龙的追捕

尾部脊椎

似鸵龙的生活形态

　　似鸵龙在寻觅食物时会保持相当高的警惕性。如果有小型的肉食性恐龙来袭击的话，似鸵龙就会利用它强健的后肢使劲儿向对方踹去，赶跑敌人；如果攻击它的是大型的肉食性恐龙，它就只能迈开双腿以最快的速度甩掉敌人。似鸵龙会依靠角质的喙和具有三个指爪的前肢取食植物的种子和果实，并不时捕食一些小动物。也许它在吃植物果实的时候，还能够用嘴喙去剥食嘴中的食物。

一只似鹈鹕龙正在水边捕鱼

似鸵龙的亲戚——似鹈鹕龙

　　似鹈鹕龙是分布在欧洲地区的早期似鸟龙，它们的口中有200多颗细小的牙齿，还有一个类似鹈鹕的皮质喉囊的囊用来存食。由于似鹈鹕龙的化石是在湖泊旁边发现的，所以一些古生物学家推测，似鹈鹕龙可能在湖泊的浅水区域捕食鱼类，还可能会把食物带回去喂养在哺乳期的小似鹈鹕龙。

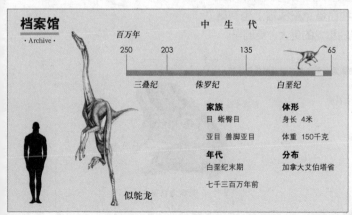

档案馆
· Archive ·

中　生　代			
百万年			
250	203	135	65
三叠纪	侏罗纪	白垩纪	

家族
目　蜥臀目
亚目　兽脚亚目

年代
白垩纪末期
七千三百万年前

体形
身长　4米
体重　150千克

分布
加拿大艾伯塔省

似鸵龙

窃蛋龙

窃蛋龙大小如鸵鸟，长有尖爪和长尾，头的形状和鸟的头很像，古生物学家推测它运动能力很强，行动敏捷。窃蛋龙生活在距今8000万年前今蒙古和中国的戈壁沙漠地带。1924年，第一个发现窃蛋龙化石的科学家认为这只恐龙在临死时，正在偷窃原角龙的蛋，所以将其命名为窃蛋龙。直到20世纪90年代，人们才发现窃蛋龙被冤枉了……

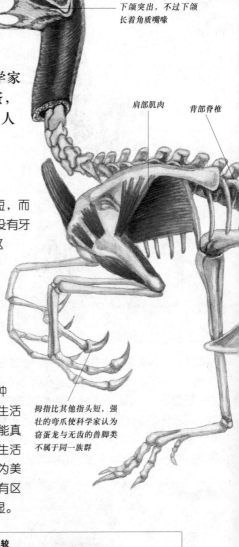

窃蛋龙的上颌骨骼比下颌突出，不过下颌长着角质嘴喙

肩部肌肉

背部脊椎

拇指比其他指头短，强壮的弯爪使科学家认为窃蛋龙与无齿的兽脚类不属于同一族群

窃蛋龙的外形

窃蛋龙身材较小，在外形上最明显的特征是头部短，而且头上还有一个高耸的骨质头冠，非常显眼。它的口中没有牙齿，但在嘴的上下前端有两个突出尖锐的骨质尖角，这对尖角就像一对叉子一样代替了牙齿的功能，作用和现生鹦鹉的喙差不多。窃蛋龙的前肢很强壮，每个掌上还长着三个手指，上面都长有尖锐弯曲的爪子，第一个指比其他两个指短许多。它的后肢和尾巴都很长。

两种窃蛋龙

在白垩纪末期的蒙古地区生活着两种窃蛋龙，一种是爱角龙窃蛋龙，另一种是蒙古窃蛋龙。爱角龙窃蛋龙生活在蒙古的半沙漠化地区，那里气候干燥炎热，所以它可能真的会偷吃别的恐龙的蛋以得到水和营养。而蒙古窃蛋龙生活的区域则相对湿润，它可能会在湖边找寻蛤蜊等贝类作为美食。除了生活环境不同以外，两种窃蛋龙在头冠上也有区别，蒙古窃蛋龙的头冠要比爱角龙窃蛋龙的更大、更明显。

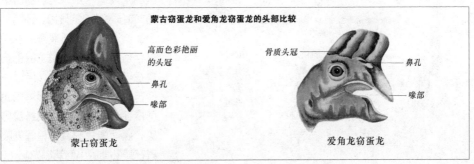

蒙古窃蛋龙和爱角龙窃蛋龙的头部比较

高而色彩艳丽的头冠

鼻孔

喙部

蒙古窃蛋龙

骨质头冠

鼻孔

喙部

爱角龙窃蛋龙

窃蛋龙的生活形态

生活在沙漠中的窃蛋龙除了食用有限的植物果实以外，也会利用它喙部十分坚硬的骨质尖角去找寻其他食物。因为它能够很容易地刺穿软体动物的外壳，所以古生物学家推测它可能是一种杂食性的恐龙，或许它真的会啄开其他恐龙的蛋去吸食其中的蛋液。如果窃蛋龙被体格强壮但速度较慢的恐龙发现了，那么它唯一的选择就是飞速逃离。此外，窃蛋龙喜欢群体生活在一起，而且自己进行孵化抚育活动。

正在孵蛋的窃蛋龙

窃蛋龙的孵化抚育行为

成年的窃蛋龙把卵产在用泥土筑成的圆锥形的巢穴中，巢穴的直径一般为两米，每个巢穴相距7～9米远。有时窃蛋龙会把植物的叶子覆盖在巢穴上，利用植物在腐烂过程中产生的热量进行自然孵化。在1923年发现的窃蛋龙化石中，窃蛋龙的两条腿紧紧地蜷向身子的后部，那姿势和现代的鸡或鸽子等鸟类的孵蛋姿势完全一样，两只前肢伸向后侧方向，呈现出护卫窝巢的姿势。这是证明某些恐龙种类存在着孵化抚育活动的第一例证据。

窃蛋龙具有纤细的骨盆

肠胫肌

长尾巴的核心是40节尾部脊椎骨节

背侧小腿肌

窃蛋龙身体结构示意图

胫骨修长

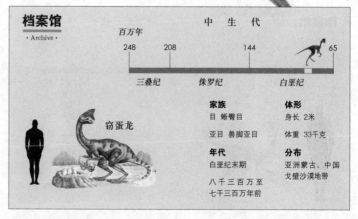

档案馆
·Archive·

		中 生 代	
百万年			
248	208	144	65
三叠纪	侏罗纪	白垩纪	

窃蛋龙

家族
目 蜥臀目
亚目 兽脚亚目

年代
白垩纪末期

八千三百万至
七千三百万年前

体形
身长 2米
体重 33千克

分布
亚洲蒙古、中国
戈壁沙漠地带

伤齿龙

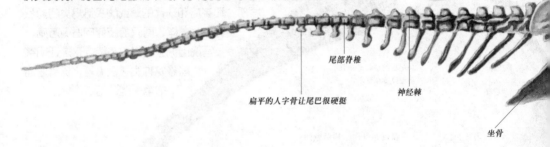

伤齿龙

伤齿龙生活在白垩纪末期，它是一种火鸡般大小的兽脚类恐龙，因其尖锐的牙齿而得名。起初，伤齿龙被人们认作蜥蜴的一种，之后又被当作一种长相呆笨的恐龙。后来人们把伤齿龙的牙齿和骨骼组合起来，才发现就身体和大脑的比例来看，伤齿龙的大脑是恐龙中最大的，而且它的感觉器官非常发达，因而被认为是最聪明的恐龙。

伤齿龙的外形

伤齿龙是一种头部很大的恐龙，体长大约相当于一个成年人的身高。它的外形像一只大鸟；前肢的掌部有三指，指端是弯曲的利爪，腕骨呈半月形，可以做出抓握动作；后肢十分细长，使它迈一步的距离相当大。伤齿龙的奔跑速度很快，也许能赶上恐龙王国里的飞毛腿——似鸵龙。在奔跑时，其最尖利的第二个趾爪会抬离地面。古生物学家通过研究发现，伤齿龙尾部扁平的人字骨使它的尾巴非常硬挺。

尾部脊椎

神经棘

扁平的人字骨让尾巴很硬挺

坐骨

膝关节

细长的胫骨

踝关节

可回旋的大爪

档案馆
· Archive ·

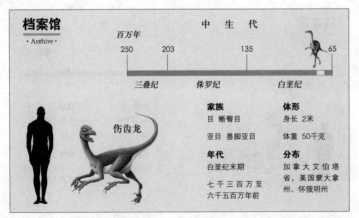

中 生 代			
百万年			
250	203	135	65
三叠纪	侏罗纪	白垩纪	

伤齿龙

家族	体形
目 蜥臀目	身长 2米
亚目 兽脚亚目	体重 50千克
年代	分布
白垩纪末期	加拿大艾伯塔省、美国蒙大拿州、怀俄明州
七千三百万至六千五百万年前	

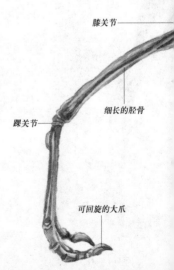

伤齿龙的智商

伤齿龙的头部相对于它的身体而言是非常大的，这说明伤齿龙有可能是白垩纪末期最聪明的一种恐龙。有的古生物学家甚至认为，伤齿龙的智商比现在任何爬行动物的都高。据推测，伤齿龙的智商高达5.3，而袋鼠的只有0.7。伤齿龙的高智商有可能是一种自然进化的结果，因为它们身长只有2米左右，要保全性命，捕获猎物，就不得不"绞尽脑汁"。慢慢地，它们的大脑进化了，变得越来越聪明。

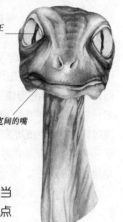

部分朝向正前方的眼睛

宽阔的嘴

伤齿龙的眼睛

据推测，伤齿龙是所有恐龙中视力最好的，它的眼睛相当大，两眼距离相当宽，所以它能做正确的距离判断。伤齿龙的双眼可以紧盯住正前方的物体，这点有助于帮助它们判断猎物是否已经进入了它的攻击范围，也可以帮助它及时发现正前方的危险并迅速逃离。并且，伤齿龙可能像猫科动物一样有垂直的瞳孔，这样它们能够在黯淡的光线下看清楚猎物。

伤齿龙的头部正面

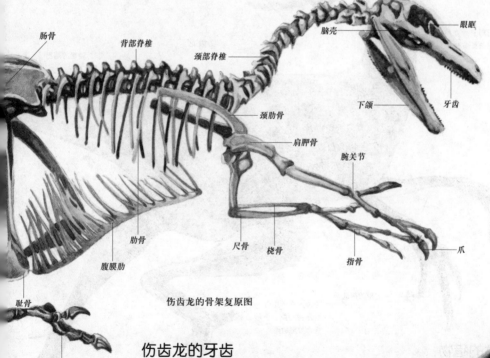

肠骨　背部脊椎　颈部脊椎　脑壳　眼眶

颈肋骨　下颌　牙齿

肩胛骨

腕关节

肋骨　尺骨　桡骨　指骨　爪

腹膜肋

耻骨

趾骨

伤齿龙的骨架复原图

伤齿龙的牙齿

伤齿龙名字的含义为"具有杀伤力的牙齿"。伤齿龙的上颌每边最多有25颗牙齿，下颌每边正好有25颗牙齿，它的牙齿呈三角形，由基部往上逐渐弯曲，在这些牙齿的切割边缘还有大的钩状锯齿。对植食性动物而言，伤齿龙这些牙齿确实具有很强的杀伤力。它能够很轻易地撕裂猎物的身体，并把它们吞吃干净。

伤齿龙的牙齿

伤齿龙的生活形态

　　科学家推测，根据伤齿龙的身体构造和眼睛特点，它最佳的猎食时间是在黄昏。当夜幕逐渐降临，伤齿龙可能会悄悄地越过森林的小空地，察看周围的风吹草动，寻找因为黑夜而放松了警惕的猎物。如果发现了合适的猎物，它会突然冲出，尾随在猎物后追逐，并用成排具有粗锯齿边缘的牙齿咬住猎物。所以对于在黄昏冒险觅食的小型哺乳动物而言，伤齿龙是致命的天敌。

黄昏可能是伤齿龙的最佳活动时间

头部相对于身体而言显得很大

可随意弯曲的颈部修长而有力

伤齿龙

硬挺的尾巴

尖锐的指爪

伤齿龙在奔跑时，最锋利的第二个指爪会抬离地面

伤齿龙的猎物

　　古生物学家一直在猜测伤齿龙会捕捉什么样的猎物。伤齿龙看起来够凶猛，足以攻击较大型的动物，不过伤齿龙第二根趾头上的爪子并不像恐爪龙的爪子那么适合发动致命的一击。虽然伤齿龙也能像恐爪龙那样紧抱住大型植食性恐龙的背部，但却很难将之咬死，所以伤齿龙应该不会猎杀大型的野兽，只会攻击蜥蜴、蛇、哺乳动物和幼小的恐龙。

拜伦龙

伤齿龙的亲戚——拜伦龙

拜伦龙是2000年由美国古生物学家诺雷尔和克拉克发现的一种兽脚类恐龙。在白垩纪末期，这种肉食性恐龙生活在今天的蒙古地区。拜伦龙体长1.5米，头骨比伤齿龙细长，牙齿也很细密，在亲缘关系上和伤齿龙较近，可能也和伤齿龙一样聪明。

伤齿龙的产卵方式

生活在北美的伤齿龙把卵产在刚干涸的湖底或沼泽地的湿润泥土里。而生活在中国的伤齿龙则选择水边的沙土地作为产卵地点。伤齿龙蛋都是垂直或稍微倾斜地竖立在蛋窝里，蛋的尖端朝下。古生物学家经过研究发现，这样做能使蛋壳具有最大限度的承重能力，可以避免胚胎受到外力损伤，同时又能使幼龙轻松地破壳而出。伤齿龙的蛋窝直径一般在1米左右，通常每窝蛋的数量为12至19枚。

伤齿龙的亲戚——班比掠龙

班比掠龙和伤齿龙有很近的亲缘关系，其骨骼化石于1944年发现于美国蒙大拿州。这件距今7500万年前的化石是北美洲保存得最完整且最像鸟类的恐龙化石。班比掠龙的胫骨长如鸟类，眼窝较大，脑部和其体形相比显然大了些，而且两者的比例是所有已知恐龙中最大的，所以班比掠龙可能也很聪明。班比掠龙的部分骨头中有空腔，并且与肺部相连，由于骨内空腔可以提供额外的氧气，因此班比掠龙似乎非常活跃。班比掠龙身上有绒羽，有助于保存体温，所以它也可能是温血动物。

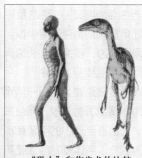
"恐人"和伤齿龙的比较

恐人学说

因为伤齿龙的智商明显高于其他恐龙，所以20世纪80年代，加拿大古生物学家戴尔·罗素提出了一个观点：如果在6500万年前没有发生那场导致恐龙灭绝的大灾难，恐龙继续生存下来的话，恐龙世界中最聪明的伤齿龙就有可能进化成聪明的、外形像人的动物——恐人，成为地球的主宰。

班比掠龙

暴龙

暴龙活跃在白垩纪时期的今北美洲地区，是肉食性恐龙的代表。成年暴龙的身高差不多有现在的两层楼高，体重与非洲象相当。暴龙的身体结构就像是专门为攻击而设计的一样，也许它那细得与身体不成比例的前肢也是它的武器。

暴龙头部的正面

朝向前方的眼睛

厚重粗壮的身体

巨大的头　具有利齿的颌部

暴龙

短小的前肢

长着两根指头的手

利爪

肌肉发达的大腿

柱状的后肢

长有四根趾头的脚

暴龙的外形

暴龙的整个外形极为怪异，它的身躯庞大结实，但前肢却非常短小。这可能是因为暴龙主要靠后肢站立，所以前肢就慢慢退化成为小而有用的武器了。此外，暴龙的头部长而窄，颈部粗短，后肢强健粗壮，尾巴也可以向后挺直以平衡身体。

档案馆
· Archive ·

中　生　代

百万年

250　　203　　　　　135　　　　　65

三叠纪　　侏罗纪　　　白垩纪

家族
目　蜥臀目
亚目　兽脚亚目

体形
身长　12米
体重　6～7吨

年代
白垩纪末期

六千八百万年至
六千五百万年前

分布
加拿大艾伯塔省、美国新墨西哥州、蒙大拿州、科罗拉多州、怀俄明州

暴龙

暴龙的生活习性

古生物学家们对暴龙是掠食者还是食腐动物存在着争议。一种观点认为，暴龙不能快速奔跑，而且其前肢的力量较弱，所以应该是食腐动物。而另一种观点认为，暴龙听觉灵敏，而且其双颌、牙齿甚至短小的前肢都能够作为武器，所以暴龙应该是积极的掠食者。

暴龙的牙齿

暴龙大约有60颗牙齿，最大的牙齿足有18厘米长，这些牙齿都具有牛排刀刃一般的锯齿边缘。当老化的牙齿的长牙根分解后，旧牙就脱落掉，慢慢长出新的锐利的牙齿。从暴龙磨损的牙冠可以推测，暴龙会咬食较坚韧的食物而非腐肉。它们会用有锯齿边缘的牙齿刺穿大型植食性恐龙的厚皮，然后来回扭动头部将肉锯下，也可以用牙齿刺杀那些可以整只吞下肚的小型恐龙。

暴龙的牙齿

暴龙的头部

暴龙的头是所有恐龙中最大又最有力的，其头部的骨头之间有大洞孔，这样可以减轻颅骨的重量。暴龙的头上长着短而厚实的口鼻部，巨大的颌部呈弯曲状，里面长有尖利的牙齿。据暴龙的眼窝及颅骨形状推测，暴龙长有大眼睛及发育健全的嗅觉器官。

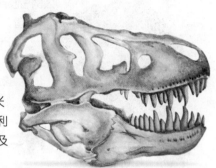

暴龙的头骨

粗重的尾巴

暴龙求偶
雌暴龙的体形比雄暴龙的大，所以雄暴龙必须得捕捉猎物作为求爱的食物才能向雌暴龙要求交配，否则自己有可能成为雌暴龙的美餐

暴龙的家族

暴龙的家族很大。生活于侏罗纪中期约1.65亿年前的匿名髂骨龙可能是已知最早的暴龙家族成员，其化石发现于英国，只有一对髂骨，因形状与鳄类的髂骨类似而得名。而暴龙家族中最有名的一种恐龙莫过于霸王龙了。霸王龙行走时，其巨大的后肢踩着路面，发出沉闷的声音，头部向前伸，似乎随时准备冲向猎物。特暴龙和艾伯塔龙也是暴龙家族的成员，其中特暴龙是在亚洲发现的最大的肉食性恐龙。

缓慢行走的暴龙

匿名髂骨龙的髂骨和现今鳄类的髂骨相似

暴龙的祖先

暴龙最早的祖先是三叠纪晚期的始盗龙。始盗龙的下颌中间有一个能够让下颌弯曲的活动关节，当其双颌咬住东西时便会紧紧钳住猎物，而暴龙就长有这种下颌。也就是说，暴龙的祖先是一种小型肉食性动物，但是要追踪出暴龙的进化历程却十分困难，因为目前已知的恐龙化石纪录中尚有一大段空白。

霸王龙

霸王龙是生活在白垩纪晚期的兽脚类恐龙，可能是最大型的肉食性恐龙之一，在拉丁文中其学名的意思是"蜥蜴之王"。曾经有人认为霸王龙是体态笨重、行动迟缓的动物，但是最新的研究认为霸王龙奔跑起来时速可达40千米/小时以上，如果事实确实如此，恐怕没有什么猎物可逃过它的追杀。这种恐龙在猎食时，可能一路尾随长有角饰的恐龙和鸭嘴龙类恐龙，直到猎获其中的一只，如果碰到掉队的老、病或年幼的恐龙，它也会发动攻击。

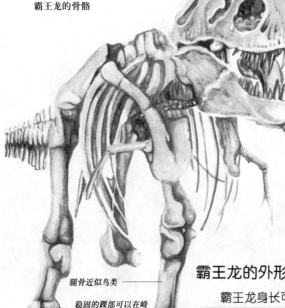
霸王龙的骨骼

腿骨近似鸟类

稳固的踝部可以在崎岖的地面上行走

指骨包覆着角质爪

窄长的趾骨形似夹板

霸王龙的外形

霸王龙身长可达17米，站立时高约6米，体重达8吨，更为可怕的是，它有一个1.5米长的大头。其上下颌长有短剑般的牙齿，有的牙齿长达20厘米，牙齿向后弯曲，齿缘有锯齿，一旦猎物被它咬住就很难挣脱。霸王龙的颈部短粗；前肢非常短小、细弱，每侧仅有两个指爪；后肢粗壮有力，可支撑身体行走，并长有三个脚趾，趾上有利爪；尾巴粗壮，可用于保持身体的平衡。

一只霸王龙吓跑了一只刚偷了它的食物的伤齿龙

霸王龙的生活形态

霸王龙通常独栖，有时也和另一只霸王龙生活在一起，它们用后肢走路，行走时头部往前伸，背部和尾部则呈水平状态。在发现猎物时，霸王龙会发动猛烈攻击，利用尖利的牙齿和有力的颌部搏斗和杀死猎物，因而霸王龙被称为"动口不动手"的动物。

特暴龙

特暴龙是在亚洲发现的最大的肉食性恐龙，十分强悍，与它同时代的恐龙都要惧它三分。特暴龙是霸王龙的近亲，比霸王龙略瘦一些。像暴龙家族的其他成员一样，特暴龙具有十分灵敏的嗅觉，这有助于它发现猎物或已死去的恐龙。现在人们挖掘到的特暴龙标本总计有五颗牙齿与一件不完整的髋骨。据考证，在白垩纪晚期的亚洲地区，特暴龙是一种普遍存在的恐龙。

特暴龙

在图中的骨骼化石中，艾伯塔龙的一只脚踩在倒在地上的独角龙身上

艾伯塔龙

艾伯塔龙是1884年由古生物学家梯雷尔在加拿大的艾伯塔省发现的。它的奔跑速度可能高达每小时40千米，是比较恐怖的猎食者。艾伯塔龙的牙齿会交互替换，即同一排的两颗牙齿绝不会同时换掉，这样它的咀嚼功能不会因为换牙而有所减弱。

第四章

鸟脚类恐龙

Disizhang

　　鸟臀目恐龙中很重要的一支是鸟脚类恐龙，这类恐龙由以两肢或四肢行走的植食性恐龙组成。在所有鸟臀目恐龙中，鸟脚类存活时间最长。前期的鸟脚类恐龙体形很小，如莱索托龙只有一只小羊大小，但是到了白垩纪晚期，鸟脚类中演化出了埃德蒙托龙这样的"巨无霸"体形。鸟脚类恐龙的脚和鸟类的脚非常相像，并且和鸟一样具有角质嘴喙、叶状颊齿、向后倾斜的耻骨、有脊状突起的坐骨以及使尾巴坚挺的骨质筋腱。鸟脚类恐龙虽然全部是植食性的，但是由于对不同生活环境的适应，它们牙齿的形态和功能却有着诸多不同，各科之间甚至下属的各属之间差别都很大，充分显示了恐龙对中生代地球生态环境的良好适应。

莱索托龙

莱索托龙是一种貌似蜥蜴的鸟脚类恐龙，生活在侏罗纪早期的非洲和美洲半沙漠地区，是1978年由美国古生物学家高尔顿发现的。莱索托龙体形轻巧，后肢修长有力，奔跑起来速度很快，有"快跑能手"之称。它的骨骼坚实，尾巴总是挺得很直，全身的平衡点落在臀部，这是以后肢行走的植食性恐龙的基本特征。

莱索托龙的外形

莱索托龙只有小羊一般大小，它的头很小，面部的肉很多，颈部比较细。它的前肢短且强壮，指爪能够灵活抓握；后肢较长，大腿部分粗壮，小腿部分细弱而极具弹跳力。另外，莱索托龙的腹部比较宽大，尾巴又细又长。它身体结构所决定的良好的平衡性使它动作很敏捷，因而能够在资源有限而又时刻潜伏着危险的环境里很好地生活。

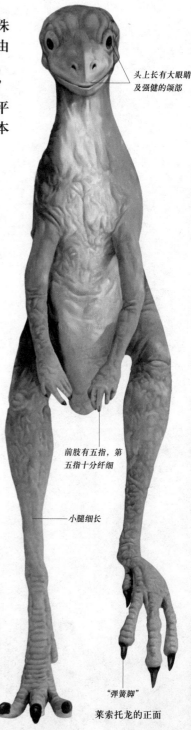

头上长有大眼睛及强健的颌部

前肢有五指，第五指十分纤细

小腿细长

"弹簧脚"

莱索托龙的正面

正在奔跳的莱索托龙

莱索托龙的股骨

与其他鸟脚类恐龙相比，莱索托龙的股骨非常特别，在细节上有着其他恐龙所没有的特征。比如，股骨顶端向里弯转的部分没有颈子；股骨的转节（即腿部肌肉附着的地方）中，以第四个转节最为特殊；另外，股骨的末端与膝盖相连的部分，在侧面的部分要比中间的大一些。当然从大的方面而言，莱索托龙的股骨与其他鸟脚类恐龙的股骨还是比较接近的。

莱索托龙的生活形态

莱索托龙习惯生活在半沙漠化地区，尤其是多沙的灌木丛中。这一点与早期小型的鸟脚类恐龙——异特龙非常相像，因此这两种恐龙在同一地区出现的可能性非常大。因为极其缺乏自卫能力，莱索托龙也像其他鸟脚类恐龙一样，总是和同伴们集群生活，以免遭遇肉食性恐龙的袭击。而一旦出现危险，莱索托龙用于自卫的唯一方法就是迅速逃离。

头部很小，颌部强健

莱索托龙的侧面

前肢比后肢要短得多

尾巴又细又长

后肢很长，且具有很强的弹跳力

莱索托龙的进食方式

莱索托龙一般以低矮的灌木植物的叶子和嫩枝为食。它在进食时往往四肢着地，先用嘴边覆盖着的一层角质把植物快速剪切下来，再用那些形状不一的牙齿对食物进行处理。莱索托龙颌骨两边的牙齿呈箭头形，很适合用来咬住食物。其颌部只能上下运动，而不能转动，所以只能切碎叶片。莱索托龙在进食时还会不时地抬头向四周张望，以防范掠食性动物。

现在许多鸟类也像莱索托龙那样，在进食时紧张地观察四周

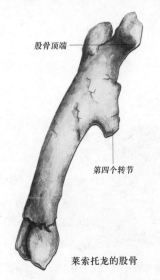

股骨顶端

第四个转节

莱索托龙的股骨

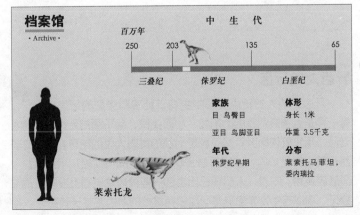

档案馆
· Archive ·

中 生 代

百万年

250	203		135	65
三叠纪	侏罗纪		白垩纪	

家族
目 鸟臀目
亚目 鸟脚亚目

体形
身长 1米
体重 3.5千克

年代
侏罗纪早期

分布
莱索托马菲坦，委内瑞拉

莱索托龙

异齿龙

异齿龙的化石是由伦敦大学和南非专家所领导的一支化石搜寻队发现的，其学名意思为"有不同牙齿的蜥蜴"，即它拥有三种不同的牙齿，有些用来咀嚼食物，有些则用来刺伤敌人。异齿龙是最早出现的体形最小的鸟脚类恐龙，习惯在南非多沙的灌木丛中寻找能吃的食物。

异齿龙

异齿龙的外形

异齿龙的体形相当小，大概和大型火鸡一般大小。其前肢的肌肉非常发达，长有五根指，前三根指都比较长，而且还有钝爪，十分灵活，能够用来挖掘植物根部作为食物，第四和第五根手指则又短又小；肩部、前肢腕部和掌部的关节非常粗硬，也显示出它能够挖开沙土或扒开白蚁的巢穴寻找食物；后肢长有三根朝前的长趾头，后肢的下段、脚踝和跖骨都愈合在一起。

异齿龙和食火鸡的外形比较

食火鸡　　　　　　　　　　异齿龙

异齿龙的牙齿

异齿龙最大的特点是口中生有三种不同类型的牙齿：第一种是上颌最前端的上前齿，小而尖锐，与下颌的无齿角质喙相对应，用来咬住树叶；第二种是上颌的类似犬齿的獠牙，可用作武器；第三种是颊齿，边缘呈凿子状，排列得非常紧密，用于咀嚼磨碎食物。不过，人们在已出土的一些异齿龙化石上没有发现獠牙，所以古生物学家猜测可能只有雄性的异齿龙才长有獠牙。

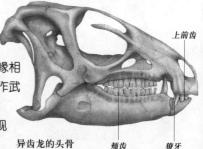

上前齿

异齿龙的头骨　　　颊齿　　獠牙

当异齿龙遇到鳄龙那样的敌人时，只能选择逃之夭夭

异齿龙的生活形态

异齿龙的活动范围相当大，为了寻找食物，它能走遍非洲南部整个半沙漠化的地区。异齿龙通常以地表或灌木丛中的植物为食，最先吃高于地面1米以下的植物。异齿龙进食时会四肢着地，然后用喙一片一片地啄下树叶或茎，再把它们集中在口的两旁，然后一起咀嚼，咀嚼时下颌轻微地向后挫动，这和现代牛羊的进食方式十分相似。一旦遇敌，异齿龙就会撒开双腿，奋力逃跑。

皮萨诺龙

异齿龙的亲戚——皮萨诺龙

1967年，古生物学家在南美洲的阿根廷发现了一种小型的植食性恐龙。通过对挖掘出来的化石分析后得知，这种恐龙可能属于鸟脚类。它体长约1米，与1962年发现的异齿龙有着很密切的关系。古生物学家把它命名为皮萨诺龙。

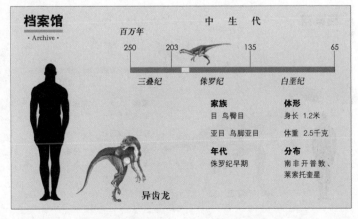

档案馆
· Archive ·

中 生 代

百万年

250　　　　203　　　　　135　　　　　65

三叠纪　　　侏罗纪　　　白垩纪

家族
目 鸟臀目
亚目 鸟脚亚目

体形
身长 1.2米
体重 2.5千克

年代
侏罗纪早期

分布
南非开普敦、莱索托奎星

异齿龙

弯龙

弯龙是一种植食性鸟脚类恐龙，和禽龙是近亲，侏罗纪末期到白垩纪早期生活在今北美洲和英国的一些开阔林地。弯龙有着庞大厚实的躯体、小而多肉的脑袋和前短后长的四肢，并拖着一条长长的尾巴，看起来显得很笨重。

弯龙的头部和马的头部比较相似

数个供神经及血管通行的开孔，显示弯龙的上下颌有嘴喙

弯龙的外形

弯龙的体形庞大，仅骨骼就有一吨多重，因而整体显得十分笨重。弯龙庞大的躯体上长有一个小而多肉的脑袋，形似马头，长长的颅骨下是没有牙齿的喙。早先的植食性动物呼吸时通常得停止进食，而弯龙口腔的顶部长着一个长长的骨质硬颚，可使它在进食的同时进行呼吸。弯龙的前肢比较短，上面有五个指，但没有像禽龙那样的钉子状的大拇指。弯龙的腕部发育不好，这证明它大部分时间是用后肢行走，而非四肢并用。

弯龙的腕部不太强健

弯龙

弯龙的后肢粗短

弯龙类有厚实的趾骨。第一根小型足趾向后反转且不触地

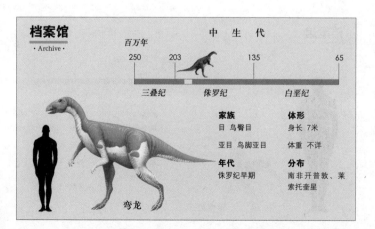

档案馆
· Archive ·

	中 生 代		
百万年			
250	203	135	65
三叠纪	侏罗纪	白垩纪	

家族
目 鸟臀目
亚目 鸟脚亚目

体形
身长 7米
体重 不详

年代
侏罗纪早期

分布
南非开普敦、莱索托奎星

弯龙

弯龙的颅骨

　　在弯龙颅骨的眼眶外有一块突出的、横向生长的骨头，古生物学家把它称为眼睑骨，不过目前对这块骨头的作用还没有一个明确的结论。从弯龙的颅骨可以看出，它的颌部很适合啃食和咀嚼植物，其上下颌前部没有牙齿，而且边缘十分锐利，可以用来切割植物；后部的牙齿却发育得很好，并且上颌牙齿比下颌牙齿要长一些，上颌前后的牙齿都比中间的牙齿小。此外，弯龙的颌部关节活动自如，上下颌可以前后移动，研磨食物。

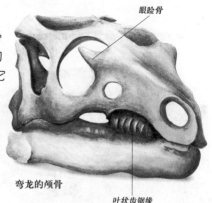

眼睑骨

弯龙的颅骨

叶状齿锯缘

弯龙的掌部

下部的骨头朝向后方

弯龙的四肢

　　弯龙的前肢长有5根短指，前三根指有蹄。弯龙的化石足迹显示，其大拇指骨有马刺状的尖形构造，指头也没有大型的肉垫相连。此外，弯龙的掌部还有数根腕骨愈合在一起，可能有助于强化掌部构造以支撑体重。弯龙的后肢比前肢要长得多，其末端长有4个趾。弯龙的股骨即大腿骨是弯曲的，这也是它之所以被命名为弯龙的重要原因。

骨盆下部的骨头朝向后方，这样内部才有空间容纳较大的肠道

尾巴长而硬挺，可在弯龙奔跑时保持其身体的平衡

弯龙的脊骨

肌腱的相互交错状态

　　和其他鸟脚类恐龙一样，弯龙的脊椎骨神经棘的侧边筋腱相互交错，这种构造重叠排列成三层，可以协助强化脊柱并使背部硬挺。弯龙的荐椎骨（脊骨和骨盆相连部位的脊柱）有5或6节脊骨。弯龙和禽龙一样，每节荐脊骨间都有特殊的荐窝关节，这也表明了弯龙和禽龙有很近的亲缘关系。

弯龙的生活形态

弯龙在紧急情况下会借助后肢力量迅速逃离

弯龙既能靠后肢的支撑力量直立起来去吃长在高处的枝叶，又能四肢着地俯下身吃低处的青草和灌木枝叶。弯龙通常用后肢走路，行动时非常缓慢，但是一旦遇到敌人，它会借助强壮的后肢和保持平衡的尾巴迅速奔逃，把敌人甩在身后。不然，本身没有任何防御性武器的弯龙就要沦为肉食性恐龙的口中餐了。

弯龙的天敌

弯龙的天敌主要是肉食性兽脚类恐龙，比如高棘龙等。这些捕食者往往躲在隐蔽处等待猎物出现。当弯龙在漫步经过或低头吃草、完全没有警戒心的时候，这些肉食性恐龙便会突然冲出来，以迅雷不及掩耳之势扑向弯龙，并用锐利的指爪紧紧抓住弯龙，同时再用锋利的尖牙狠狠咬住弯龙脆弱的颈部。这样，弯龙就变成了这些肉食性恐龙的美餐。

弯龙的命名

　　由于第一件弯龙化石标本的臀部的脊骨看起来并未愈合，所以弯龙最初被命名为"Camptonotus"，意为"有弹性的背"。不过此名已经先被另一种动物使用，所以弯龙只好被另外命名。后来，因为弯龙的股骨是弯曲的，于是学名被定为"Camptosaurus"，含义就是"弯曲的蜥蜴"。

弯龙

弯龙的骨骼

一只高棘龙正准备袭击弯龙

弯龙的进化过程

　　禽龙类恐龙出现在侏罗纪时期，堪称进化最成功的鸟脚类恐龙。弯龙是禽龙类中最原始的恐龙之一，它是由法布龙进化而来的。而后，弯龙中的一部分又进化成禽龙类中最著名的一员——禽龙。最原始的禽龙类恐龙体形较小且较轻，只能借助高速奔跑来逃离掠食者。但是在漫长的进化过程中，弯龙及禽龙类恐龙的身躯也越来越庞大，越来越笨拙，极其缺乏灵活性。

弯龙的体形比禽龙类恐龙要小

弯龙的祖先——法布龙

　　法布龙是在三叠纪末期到侏罗纪初期出现于南非的植食性恐龙，全长1米，是最古老的鸟臀目恐龙。它的体形较小，用后肢行走，避敌时能快速奔跑。在中国大山铺遗址发现的洛氏敏龙就是一种小型的法布龙类。和其他法布龙一样，洛氏敏龙也是以后肢行走，头骨很小，具有小型的叶状齿列。

禽龙

禽龙是白垩纪早期的植食性恐龙，其化石是1822年由英国的格丁·曼特尔医生及其夫人发现的，是世界上最早被人类发现的恐龙。禽龙属笨重的大型鸟脚类恐龙，它繁衍出了大量的后代。禽龙的颊齿高而有脊状突起，与现今鬣蜥的颊齿相似，但要大得多，大约有100颗。禽龙最显著的特征就是其尖锐、骨质的拇指爪，它可能会用此爪去刺伤攻击者以自卫。

禽龙的骨架复原图

禽龙的外形

禽龙身躯高大，形体笨重，尾部粗大。其体长一般在10米左右，用后肢站立时身高可达4.5米，体重与一头亚洲象差不多。一般情况下，禽龙习惯以四肢行走，但有时也会依靠后肢行走。当禽龙以后肢行走时，会将头向前伸，使背部和尾巴挺直，几乎与地面平行。当被肉食性恐龙追赶时，禽龙能跑得很快，每小时可达35千米左右。

禽龙掌部的第五指能
自由弯曲

禽龙的四肢

1878年，人们在比利时煤矿层中发现了许多禽龙的完整骨骼，这些骨骼揭示了禽龙的完整面貌。这种恐龙长有粗壮的后肢，还有强而有力的双臂以及类似棘钉的拇指。幼年禽龙的前肢相对较短，所以它们通常可能以后肢行走。成年禽龙的前肢则较长也更强壮，因而它们可以弯下身体前端，以手上三根能承受重量的中间指支撑，以便喝水或吃低矮树木上的树叶。一些足迹化石显示，成年的禽龙也会以后肢行走。

禽龙的双掌

大部分的禽龙足迹化石显示，禽龙的双掌是所有恐龙中最特别的，既可以当作武器使用，又可用于行走及抓握植物。禽龙的掌上有大型的锥状棘钉，这种锥状棘钉是禽龙经过进化所形成的拇指。禽龙的第二、第三和第四指都相当结实，指间有蹼相连，指端还有钝蹄，第五指则纤细而灵巧。它的足部长有三趾，足部结构坚固，足以支撑自己的体重。

禽龙

档案馆
· Archive ·

中 生 代

百万年

250　　　203　　　　　　　　　135　　　　　　　65

三叠纪　　　侏罗纪　　　　白垩纪

家族	体形
目 鸟臀目	身长 9～10米
亚目 鸟脚亚目	体重 4吨
年代	**分布**
白垩纪早期	比利时，英国，
一亿四千万至一亿	德国，西班牙，
一千万年前	美国

禽龙

平缓前进的禽龙

禽龙骨架的重组

以前科学家们在重组禽龙的骨架时，都将其重组成袋鼠般直立的姿势。不过在1970年之后，人们了解到禽龙不可能有这样的姿势，因为如果现实中的禽龙是这个姿态，那么它坚挺的尾巴就会被折断。所以在后来重组的禽龙骨架中，科学家们让禽龙的背部与地面平行，头向前伸出并保持相当低的高度，挺直、笨重的长尾巴拖在后面，平衡了身体前端的重量。

禽龙的生活形态

禽龙是形形色色的鸟脚类恐龙中的一员，是温和的植食性动物，一般生活在今欧洲与美洲的林地，这些林地中有巨大的树蕨和球果类植物可以作为禽龙的食物。禽龙的嘴喙无齿，口内则长有许多适于啃咬的坚固牙齿。由于颅骨内有特殊的铰关节，使禽龙的下颌活动自如，因此禽龙可以咀嚼坚韧的植物，其身体的长度也使其能够取食高处的乔木枝叶。

直立起身体的禽龙

拇指尖刺可刺入敌人颈部

大型的食肉恐龙

禽龙在自卫时会直立身体，用它的大尖钉狠狠地戳向敌人

克拉沃龙

最早的禽龙科成员——克拉沃龙

克拉沃龙是生活在侏罗纪中期的一种植食性恐龙，身长约有3.5米，其化石发现于英国。人们对克拉沃龙知之甚少，仅有的克拉沃龙化石遗骸是发现于英国的一段大腿骨。该化石周围的岩石表明，这是迄今为止所发现的最早的禽龙科成员。克拉沃龙的身长只有弯龙的一半，但二者在外观上长得很像。

禽龙的群居生活

科学家们推测，禽龙可能是一种习惯过群居生活的恐龙。在一些化石发现地，比如在比利时，人们曾发现许多禽龙的遗骸并列在一起，这说明它们是成群生活的；在德国，科学家们也发现一群紧靠在一起的禽龙化石遗骸，据推测，这一大群禽龙是被暴涨的洪水吞噬、淹死的，这也能证明它们生前就在一起。这种群居生活可以使禽龙有效地抵御肉食性恐龙的袭击。

禽龙悠闲地咬食着嫩叶

禽龙的进食特征

禽龙喜食马尾草、蕨树和苏铁，它们的大部分时间可能都花费在寻找食物和咀嚼食物上。禽龙会用肌肉发达的后肢站立起来去啃食树上的叶子。食物到口中之后，它会细嚼慢咽，而用不着像雷龙那样去吞鹅卵石。禽龙的上下颌的前部没有牙齿，只有侧面有一些定期自行替换的颊齿。它依靠带角质的嘴喙咬下枝叶，然后滑动颌部，用颊齿将食物嚼碎。

禽龙的自我保护

　　禽龙是温和的植食性恐龙，一般选择用奔跑的方式逃避捕食者。但当它遇到霸王龙而被逼得走投无路时，也会用大尖钉一样的拇指戳刺敌人来保护自己。这副尖利的钉子般的装备就是它的"自卫武器"，但这一招只有在迫不得已、无路可逃的情况下才会使用。所以禽龙比起甲龙、三角龙和剑龙来，要显得弱小得多，因此还未到白垩纪末期，禽龙就被霸王龙吃光了。

莫它布拉龙

禽龙科的其他成员

　　除了禽龙、弯龙外，比较重要的禽龙科成员还有威特岛龙、勇敢龙、莫它布拉龙等。威特岛龙的名字来自英国怀特岛拉丁语的读法，它是禽龙的近亲，并且与禽龙生活在同一时间，不同的只是威特岛龙的体形偏小，而且沿脊椎有一条明显的骨板，生物学家也不能确认该骨板的作用。和威特岛龙一样，勇敢龙的背部也有一条突起的骨板，从肩部一直延伸到了尾巴中间部分，形成了一个高达50厘米的扇状结构。莫它布拉龙是禽龙的另一个近亲，它的鼻子上有一个突起的骨块，可能用于求爱。

勇敢龙成群地漫游在现在西非所在的区域，以生长在炎热潮湿地带的植物为食

棱齿龙

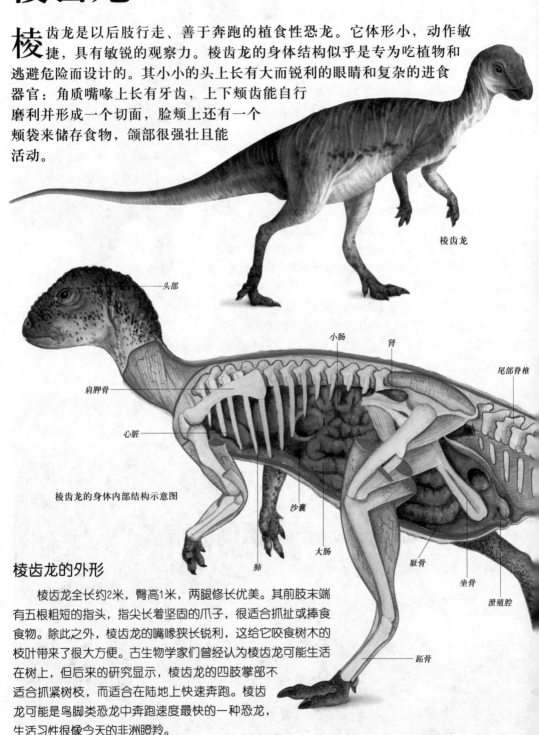

棱齿龙是以后肢行走、善于奔跑的植食性恐龙。它体形小，动作敏捷，具有敏锐的观察力。棱齿龙的身体结构似乎是专为吃植物和逃避危险而设计的。其小小的头上长有大而锐利的眼睛和复杂的进食器官：角质嘴喙上长有牙齿，上下颊齿能自行磨利并形成一个切面，脸颊上还有一个颊袋来储存食物，颌部很强壮且能活动。

棱齿龙

头部

肩胛骨

心脏

小肠

肾

尾部脊椎

沙囊

肺

大肠

耻骨

坐骨

泄殖腔

跗骨

棱齿龙的身体内部结构示意图

棱齿龙的外形

棱齿龙全长约2米，臀高1米，两腿修长优美。其前肢末端有五根粗短的指头，指尖长着坚固的爪子，很适合抓扯或捧食食物。除此之外，棱齿龙的嘴喙狭长锐利，这给它咬食树木的枝叶带来了很大方便。古生物学家们曾经认为棱齿龙可能生活在树上，但后来的研究显示，棱齿龙的四肢掌部不适合抓紧树枝，而适合在陆地上快速奔跑。棱齿龙可能是鸟脚类恐龙中奔跑速度最快的一种恐龙，生活习性很像今天的非洲瞪羚。

棱齿龙的骨骼示意图

棱齿龙的身体结构

　　以后肢行走的棱齿龙并不像大部分植食性鸟脚类恐龙那样，重量集中在身体的前半部分，它的耻骨斜向后方生长并触及坐骨，这使容纳食物的肠子能延伸到身体非常靠后的部位，如此一来，它的重心就会落在臀部下方。就像不倒翁一样，重心的下移使棱齿龙不容易失控摔倒。棱齿龙还有一条由前向后逐渐变细的长尾巴，靠一根根骨质筋腱来保持挺直，因此尾巴悬在离地面不远的地方，一般不会触及地面。

棱齿龙的后肢

　　棱齿龙的后肢曾被比喻成钟摆，意思是其结构是专为能快速前后摆动而设计的。在棱齿龙的后肢模型中，我们能看到它的骨骼细长，肌肉极其发达。其后肢上的小腿比大腿长，这些特征都有利于棱齿龙快速奔跑。就整个身体而言，棱齿龙的后肢就像一个杠杆的支点，头、颈部和尾巴分别在两端保持着动态的平衡。这样棱齿龙在快速奔跑左右躲闪追逐者时，身体依然能保持平衡的状态。

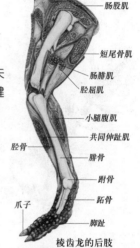

肠股肌
短尾骨肌
肠腓肌
胫屈肌
小腿腹肌
共同伸趾肌
胫骨
腓骨
跗骨
距骨
爪子
脚趾

棱齿龙的后肢

棱齿龙的牙齿

　　棱齿龙上颌牙齿牙冠的颊面釉质化程度很高，前上颌齿稍微弯曲，其齿冠前后加宽，两边有边缘小齿。它的下颌大约有十几颗牙齿，前面几颗比较简单，呈圆锥状，其他牙齿的齿冠向外扁，有边缘小齿，而且有明显的中棱和几条较弱的次级棱。其上牙齿冠向内弯曲，与下颌牙齿形状相反。

档案馆
· Archive ·

中 生 代

百万年

250　　203　　135　　65

三叠纪　　侏罗纪　　白垩纪

家族	体形
目 鸟臀目	身长 1.4~2.3米
亚目 鸟脚亚目	体重 64千克
年代	**分布**
白垩纪早期	英国威特岛，西班牙泰鲁，美国南达科塔州
一亿两千万年前	

棱齿龙

棱齿龙的生活形态

　　距今1.2亿年左右的白垩纪早期，英国南部大部分地区都是冲积平原，平原上的河流、湖泊和沼泽散布着长满蕨类和木贼的草原，棱齿龙就生活在此处，从容地享用低处的植物，用嘴喙剪下蕨类植物的叶子，并塞入宽大的颊袋中，然后以有力的咀嚼将食物磨成浆。棱齿龙的身体结构表明它是吃植物的快跑者，一旦发觉到周围有危险，它便会以快速奔跑来躲避敌人的攻击。古生物学家将棱齿龙和现代动物对比体形和腿长后，估计它奔跑的速度可达到45千米/小时。

群居生活

　　自从1849年以来，已经有24具左右的棱齿龙化石在英国的威特岛出土，有些个体靠得很近，可能是棱齿龙群体里的部分成员，陷入史前的海岸流沙中。古生物学家们从这些化石推测，体形小的棱齿龙要谋求生存就必须依赖群居生活。当群体里大部分成员在低头进食时，一些棱齿龙个体就会环顾四周防范危险。

木贼是棱齿龙生活地区的主要植物

棱齿龙科恐龙的其他成员

　　除了棱齿龙外，著名的棱齿龙科恐龙还有树龙、腱龙、利琳龙、闪电龙等。利琳龙的化石于1989年发现于澳大利亚。利琳龙时期澳大利亚还位于南极圈内，尽管气候比现在要温和得多，但能够生活在靠近地球最南端的地方，对冷血动物而言依然有些困难，所以古生物学家们认为生活在这一地区的有些恐龙是温血动物。

棱齿龙和闪电龙

棱齿龙习惯成群结队生活，这样比单独行动更安全

树龙

树龙是棱齿龙科恐龙中最早进化的种类之一。它的体形属于中等，强壮的后肢支撑着身躯，粗重的硬尾巴与头和颈保持着平衡。其口鼻前端喙的边沿很坚硬，可以撕下贴近地面生长的植物。树龙没有什么防御武器，不过，它进行中距离跑的速度相当快。树龙只长有三个趾，这在棱齿龙科中是不多见的。

树龙

腱龙

腱龙也是棱齿龙科的重要成员。虽然有的古生物学家认为，腱龙属于禽龙科，但是腱龙的牙齿却是典型的棱齿龙科牙齿，这是一个重要的标志，因为同一种牙齿是很少进化两次的。从腱龙的颅骨详细解剖中可以看出，这种棱齿龙科恐龙的体形是非常庞大的。如同其他的鸟脚类恐龙，腱龙进食时四肢着地。

中国发现的棱齿龙化石

中国吉林省是恐龙化石比较丰富的地区，自20世纪80年代以来，人们相继在吉林中部的白垩纪地层中发现了恐龙蛋和恐龙骨骼化石。2002年，以吉林大学博物馆馆长昝淑芹博士为组长的吉林大学课题组在这一区域发现了300多件珍贵的恐龙化石和60枚恐龙蛋化石。经鉴定，这些恐龙化石中包括棱齿龙、鸭嘴龙、鹦鹉龙等。据昝淑芹教授介绍，这次发掘出的棱齿龙化石共有173件，包括其头骨、肢骨、椎骨和腰带等，经修复可组装真骨含量超过60%的棱齿龙化石骨架。

棱齿龙

豪勇龙

豪勇龙是以两肢或四肢行走的植食性恐龙，在白垩纪早期生活于今非洲地区。豪勇龙与禽龙有某些共同的特征，如后肢比前肢长而且更健壮，手指与脚趾上有蹄状的爪、尖刺般的拇指，以及牙齿的牙冠上具有高脊等。豪勇龙最为独特的特征便是背上有一个从肩一直到尾巴的大帆。

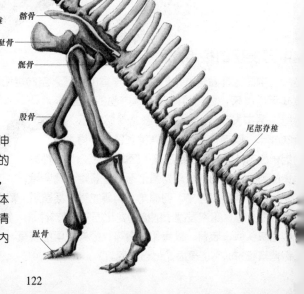

豪勇龙的外形

豪勇龙身体较长。它的后肢强壮有力，能够支撑起全身的重量。当豪勇龙需要休息时，它能向前倾斜而用四肢着地，用它蹄状的爪子来保持身体的平衡。豪勇龙前肢的每只掌上都有一个长拇指钉，其眼睛上方有个低矮的隆起，类似鸭嘴龙类的嘴喙，背上长有脊椎骨突起和用来支撑背帆的骨板。

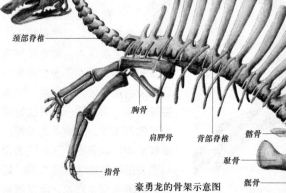

颈部脊椎

胸骨

肩胛骨

背部脊椎

指骨

神经棘

豪勇龙

髂骨

耻骨

骶骨

股骨

尾部脊椎

趾骨

豪勇龙的骨架示意图

豪勇龙的背帆

豪勇龙长有一个从背部、臀部一直延伸到尾部的大"帆"，它是由长棘刺支撑起的皮肤形成的。豪勇龙生存的环境夜间寒冷，白天又干又热，它的背帆可以帮助它保持体温恒定。古生物学家们猜测，在寒冷的清晨，豪勇龙会让太阳对着帆面，背帆上皮肤内的血液在阳光的照耀下会起到聚热板的作用。

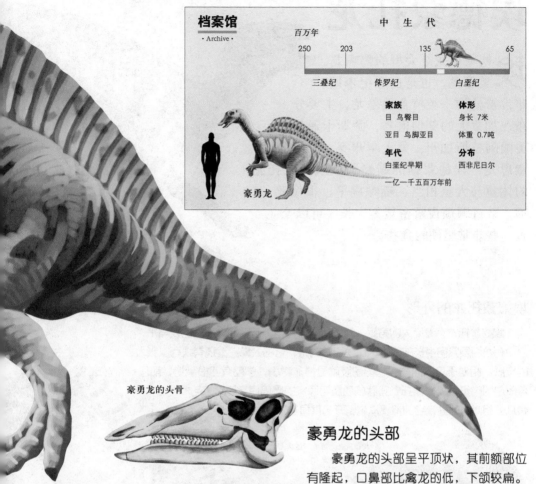

档案馆
· Archive ·

中 生 代

百万年

250   203   135   65

三叠纪   侏罗纪   白垩纪

家族	体形
目 鸟臀目	身长 7米
亚目 鸟脚亚目	体重 0.7吨
年代	**分布**
白垩纪早期	西非尼日尔
一亿一千五百万年前	

豪勇龙

豪勇龙的头骨

豪勇龙的头部

豪勇龙的头部呈平顶状，其前额部位有隆起，口鼻部比禽龙的低，下颌较扁。豪勇龙长有类似鸭嘴的喙、具有突脊的叶状牙齿和有力的颌部，可以咬断与咀嚼生长在冲击平原上的低矮苏铁类与早期的开花植物。豪勇龙的头颅上还有个关节，使下颌上移，这样豪勇龙咀嚼食物时，上颌的两侧可以向外滑动。

豪勇龙的生活形态

豪勇龙在行为方面与禽龙非常相似。其前肢结构显示，豪勇龙在休息和漫步时是四肢着地的。它的手虽然比禽龙的小，但腕部却非常强壮。虽然豪勇龙手上的三根中间指为蹄状且无法抓握东西，但可以伸直，在豪勇龙想弯下身体、以四肢着地时，手指会向内弯，形成可以承担重量的"脚"。然而在它奔跑时，成年的豪勇龙必须直立身体靠后肢奔跑。

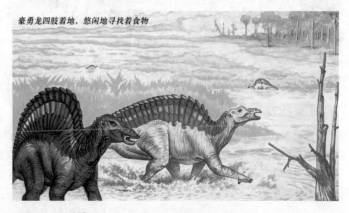

豪勇龙四肢着地，悠闲地寻找着食物

123

埃德蒙托龙

埃德蒙托龙是大型的鸭嘴龙类恐龙，也是白垩纪末期非常繁盛的一类植食性恐龙，主要分布在加拿大的艾伯塔省、萨斯卡通省，美国阿拉斯加州、蒙大拿州等，其学名的意思是"埃德蒙顿的蜥蜴"。埃德蒙托龙的体重与大象相当，嘴喙扁平，很像鸭嘴，数百颗颊齿紧密聚集生长，可以咬食一些非常坚硬的食物。

埃德蒙托龙是体形最大的鸭嘴龙类恐龙

埃德蒙托龙的外形

埃德蒙托龙有着庞大的身躯，其颌部强而有力，但它的喙部则比较扁平，口中有数百颗紧密生长的颊齿。比较奇特的是，它的大鼻腔上还有块可以胀大的皮肤。相对于身体而言，它的前肢就显得非常小，掌部有四根手指，都包着厚厚的肉垫。埃德蒙托龙强壮的后肢与厚实的尾巴使它看起来与禽龙有几分相似。此外，它的背部从肩膀开始就显著下滑。

埃德蒙托龙可能通过胀大鼻囊把吼声变大

埃德蒙托龙的鼻囊

埃德蒙托龙的鼻部上方有一层可胀大的皮肤，即鼻囊。平时，鼻囊会皱皱地贴在脸上，当遇到暴龙或其他可怕的肉食性恐龙的时候，这层皮肤就会鼓起，从而发出吼叫声，这样有可能把敌人吓走。这个鼻囊也许还有其他的用处，比如在繁殖交配期用来吸引异性，或者在小恐龙迷失方向时，发出吼叫召唤它们回家。

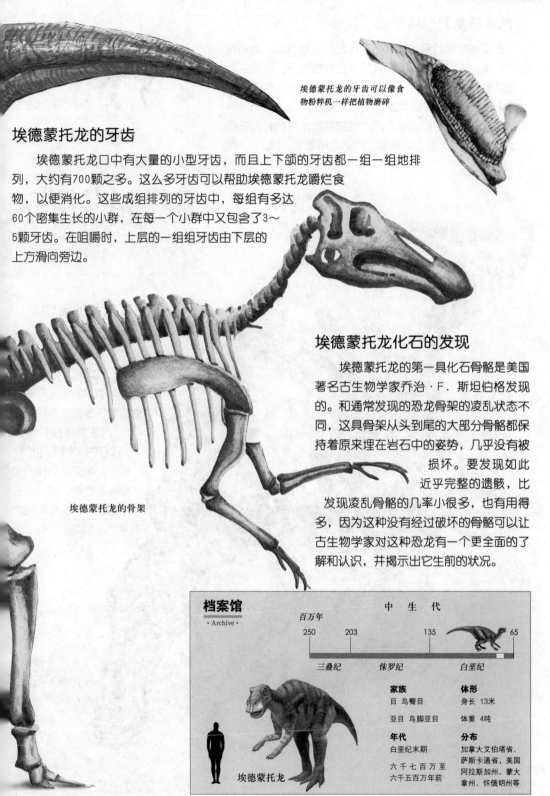

埃德蒙托龙的牙齿可以像食物粉粹机一样把植物磨碎

埃德蒙托龙的牙齿

　　埃德蒙托龙口中有大量的小型牙齿，而且上下颌的牙齿都一组一组地排列，大约有700颗之多。这么多牙齿可以帮助埃德蒙托龙嚼烂食物，以便消化。这些成组排列的牙齿中，每组有多达60个密集生长的小群，在每一个小群中又包含了3～5颗牙齿。在咀嚼时，上层的一组组牙齿由下层的上方滑向旁边。

埃德蒙托龙的骨架

埃德蒙托龙化石的发现

　　埃德蒙托龙的第一具化石骨骼是美国著名古生物学家乔治·F. 斯坦伯格发现的。和通常发现的恐龙骨架的凌乱状态不同，这具骨架从头到尾的大部分骨骼都保持着原来埋在岩石中的姿势，几乎没有被损坏。要发现如此近乎完整的遗骸，比发现凌乱骨骼的几率小很多，也有用得多，因为这种没有经过破坏的骨骼可以让古生物学家对这种恐龙有一个更全面的了解和认识，并揭示出它生前的状况。

档案馆
· Archive ·

中　生　代

百万年

250	203	135	65
三叠纪	侏罗纪	白垩纪	

家族
目 鸟臀目
亚目 鸟脚亚目

体形
身长 13米
体重 4吨

年代
白垩纪末期
六千七百万至
六千五百万年前

分布
加拿大艾伯塔省、萨斯卡通省，美国阿拉斯加州、蒙大拿州、怀俄明州等

埃德蒙托龙

埃德蒙托龙的生活形态

　　古生物学家们曾认为埃德蒙托龙是水栖恐龙，用有蹼的掌作桨，尾巴作舵，以柔软的水生植物为食。但后来古生物学家经过研究证明，埃德蒙托龙实际上是一种陆生动物，因为它的掌上并没有蹼，而有厚实的肉垫，尾巴不容易弯曲，也无法起到舵的作用。埃德蒙托龙可能和大多数恐龙一样生活在陆地上，能以四肢站立和漫步。

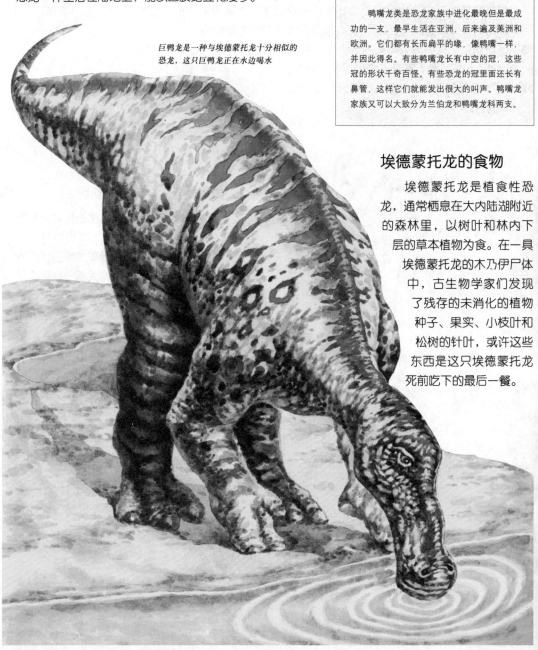

鹅龙

鸭嘴龙类群

　　鸭嘴龙类是恐龙家族中进化最晚但是最成功的一支，最早生活在亚洲，后来遍及美洲和欧洲。它们都有长而扁平的喙，像鸭嘴一样，并因此得名。有些鸭嘴龙长有中空的冠，这些冠的形状千奇百怪。有些恐龙的冠里面还长有鼻管，这样它们就能发出很大的叫声。鸭嘴龙家族又可以大致分为兰伯龙和鸭嘴龙科两支。

巨鸭龙是一种与埃德蒙托龙十分相似的恐龙，这只巨鸭龙正在水边喝水

埃德蒙托龙的食物

　　埃德蒙托龙是植食性恐龙，通常栖息在大内陆湖附近的森林里，以树叶和林内下层的草本植物为食。在一具埃德蒙托龙的木乃伊尸体中，古生物学家们发现了残存的未消化的植物种子、果实、小枝叶和松树的针叶，或许这些东西是这只埃德蒙托龙死前吃下的最后一餐。

会患癌症的埃德蒙托龙

2003年10月，美国古生物学家在对97个鸭嘴龙化石标本进行检测后发现了29处肿瘤，其中在埃德蒙托龙身上发现的肿瘤最大，它也是目前唯一被发现患有恶性肿瘤（即癌症）的恐龙。它的骨骼中的肿瘤多是血管外皮细胞瘤，其形状与人类血管外皮细胞瘤非常相似。至于埃德蒙托龙患癌症的原因，目前古生物学家尚无法确定。

驰龙（鸟的一种亲属）正在吃埃德蒙托龙

埃德蒙托龙也会患癌症

鸭嘴龙类不同的头部

埃德蒙托龙的自卫

埃德蒙托龙并没有尖锐的牙齿或爪子保护自己，当危险来临时，它会用鼻囊发出吼叫声，企图以此吓退进攻者，有时这一招也会管点用，但更多的时候，这只是埃德蒙托龙自壮声势，所以必须迅速逃跑。幸运的是埃德蒙托龙的速度还不慢，这种大型鸭嘴龙类似乎能够以高达50千米/小时的速度做短距离冲刺，并可能以25千米/小时的速度快步跑上好几千米。

埃德蒙托龙的亲戚——克里特龙

克里特龙和埃德蒙托龙有很近的亲缘关系，并且和埃德蒙托龙一样，克里特龙也生活在白垩纪时期的北美洲。克里特龙身长为13米，体重为2～3吨，口鼻部有一个突起的骨质硬块，看起来像是鼻子被打肿了一样，这个骨质硬块的形状和埃德蒙托龙的鼻囊有点相似。克里特龙的化石遗骸是1901年被发现的。

慈母龙

慈母龙是以四肢或两肢行走的植食性恐龙，是鸭嘴龙类中的一个典型例子。1978年，古生物学家们首次发现慈母龙化石，此后有数千具标本出土。许多恐龙没有留下有关它们怎么生活和哺育后代的痕迹，但是慈母龙却给我们留下了充足的证据。化石显示，在小慈母龙还没有孵化之前，慈母龙妈妈就会非常精心地照顾它们，直到它们出壳并能够独自离家寻找食物为止。

慈母龙

慈母龙的外形

慈母龙长着一个像马一样的长头。其眼睛的上方有一个实心的骨制头冠，但非常小，有可能雄慈母龙之间就是用这个小头冠来互相碰撞，以决定自己的领袖地位的。慈母龙的颧骨上还长有三角形的突起。它的喙部则比较宽，像鸭的喙部一样。此外它还有一个有力的颌部。慈母龙的前肢较细，后肢相对要粗壮些，当慈母龙行走时，臀部是它身体的最高处。

慈母龙喙与鸭喙的比较

慈母龙喙　　　鸭喙

神经棘

坐骨

尾部脊椎

人字骨

慈母龙的前肢

慈母龙的前肢是由肱骨、尺骨、桡骨、掌骨和指骨构成的，看起来比较细。它的肱骨上长有一个小型的三角突出结构，不过这个三角突出比其他鸭嘴龙类恐龙（如兰伯龙）的都要小得多，这表明，附着在慈母龙这一位置上的肌肉可能比较小，所以它这一部分的肌肉的力量也会比较小。

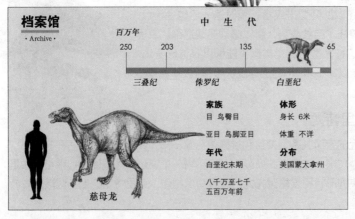

档案馆

· Archive ·

中　生　代

百万年			
250	203	135	65
三叠纪	侏罗纪	白垩纪	

家族
目 鸟臀目
亚目 鸟脚亚目

年代
白垩纪末期
八千万至七千五百万年前

体形
身长 6米
体重 不详

分布
美国蒙大拿州

慈母龙

慈母龙化石的发现

1978年，人们在美国蒙大拿州发现一个恐龙窝，窝内有十五只恐龙幼体，幼体大约一个月大，还不能自行觅食，但它们的牙齿已磨损，这表明母亲会照料幼体，或者将食物带到巢内，或者带它们到巢外觅食再回到窝巢。一年后，科学家们又在这个地方发现了一些恐龙窝，其中有小恐龙的骨架。后来这种恐龙被命名为慈母龙。这些化石为古生物学家们研究小慈母龙的成长提供了足够的证据。化石还表明慈母龙是过群居生活的，可能是几千只生活在一起。

慈母龙的生活形态

慈母龙会南北迁徙到处寻找食物，而且它们习惯群体活动。雌慈母龙每年会返回以前的窝中生产。1978～1988年，美国的古生物学家经过不断的挖掘和研究发现，慈母龙不仅能营巢筑窝，而且会照顾小恐龙，一直到小恐龙能够独立生活。并且，它们还会集体抚育幼仔。

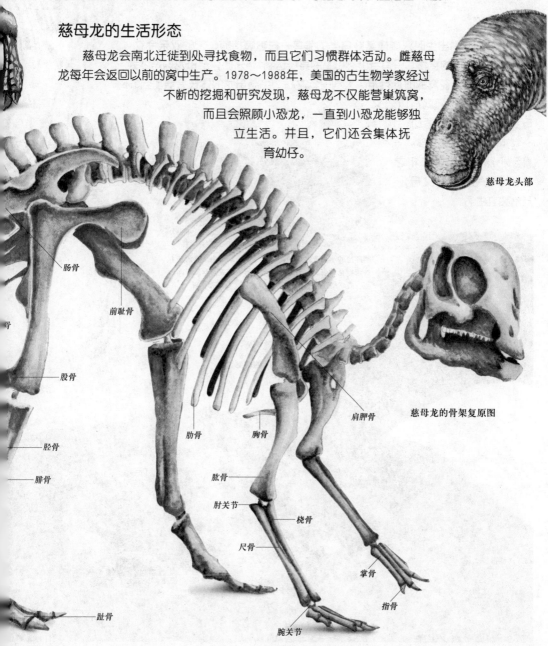

慈母龙头部

肠骨

前耻骨

骨

股骨

胫骨

腓骨

肋骨

胸骨

肩胛骨

肱骨

肘关节

桡骨

尺骨

掌骨

指骨

趾骨

腕关节

慈母龙的骨架复原图

慈母龙的窝

　　慈母龙产卵时，会先用四肢堆出一座沙丘，再在沙丘中央挖出一个深约1米、直径为2米的洞，然后把蛋放进去，在蛋下面放上泥土和碎石，上面覆以植物，以保持恒温。雌慈母龙一般会在窝内产下18～40枚硬壳的蛋，然后在窝旁守护，防止其他动物偷蛋。慈母龙的窝都建在比较高的地方，这样居高临下，慈母龙就能及时发现敌人的来临。

小慈母龙

　　小慈母龙刚出生时只能像某些鸟类的雏鸟一样嗷嗷待哺，它的双亲会立即外出寻找可口的食物。只有当小慈母龙的身长达到1.5米时，慈母龙妈妈才会允许它们出窝，在窝的附近行走。大约一年之后，小慈母龙的体长会增加到2.5米左右，这时它们就可以随父母到较低洼的地方活动，10～12岁后就能自己觅食。一直到小慈母龙出生15年之后，才能完全离开父母，开始独立生活。

刚孵出的小慈母龙生活在隆起泥巢的保护中，巢内还有些未孵化的蛋。小恐龙显然会在巢中待很长一段时间，当它们成长时会践踏那些未孵化的蛋，将蛋壳弄破

慈母龙妈妈对小慈母龙关怀备至

小慈母龙的骨架

在已经发现的慈母龙的化石中，也有一些小慈母龙的骨架。与成年恐龙的骨架相比，小慈母龙的骨架还有几处不同，除了尺寸较小外，它们的口鼻部比成年慈母龙的短，从眼眶来看，眼睛也比成年慈母龙的大，这样的相貌容易引起母亲的注意。刚孵出的小恐龙四肢骨骼尚未完全发育，其末端是由软骨组成的。部分幼小的慈母龙化石上有磨损的牙齿以及未成形的四肢骨骼，这显示早在它们身体长得够壮、能自行觅食之前就已经吃固体食物了。

这副骨架中，一只小鸟脚类恐龙即将沦为饥饿的伤齿龙的猎物。轻巧敏捷的兽脚类恐龙也可能会侵入慈母龙的育儿巢中，攫掠没有防御能力的小慈母龙

群体抚育幼仔

慈母龙是一种习惯过群体生活的恐龙，它们甚至群体抚育幼仔，就像人类现在的幼儿园一样。1978年，科学家们在美国蒙大拿州发现几个完整的慈母龙窝，慈母龙蛋化石在一圈巢堤的中间排成圆圈，旁边还有许多小慈母龙的化石，这些小慈母龙大约同龄。这显示慈母龙可能共同承担照顾幼仔的任务，当其他恐龙出去觅食时，有些恐龙会留下来看管它们的幼仔，就像照顾自己的孩子一样。

慈母龙的亲戚——鸭嘴龙

鸭嘴龙也叫"大蜥蜴"，发现于1858年，是最早发现于美国的恐龙。这种庞大的植食性动物能用后肢站立起来，其喙部和鸭喙相似，口鼻处有一硬块突起，下颌后部有一排用来磨碎食物的牙齿，这些牙齿磨坏后，就会不断地有新牙齿长出来。

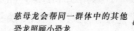

慈母龙会帮同一群体中的其他恐龙照顾小恐龙

盔龙

盔龙也叫冠龙，其学名"Corythosaurus-de"的含义是"戴头盔的蜥蜴"。盔龙身长约10米，习惯群居。盔龙一般在针叶林和灌木丛中寻找食物，而且它还特别喜欢展示自己，经常炫耀自己与众不同的头饰和独特的鸣叫声。这些显眼的特征的另一个作用有可能是吓唬竞争者。

戴着头盔的恐龙

盔龙的外形

盔龙是一种大型的恐龙，长着像鸭子一样的脸，头顶上有个中空的头冠。它的喙部前方没有一颗牙齿，但喙部后方却有上百颗颊齿。盔龙用后肢行走，其前肢相对较短，尾巴又长又粗。古生物学家认为，盔龙的脸上可能也有像埃德蒙托龙那样皱皱的皮囊，它会把皮囊鼓成球状，就像青蛙一样依靠它的声囊发出呱呱声，给恐龙群传递报警信号或吸引异性。

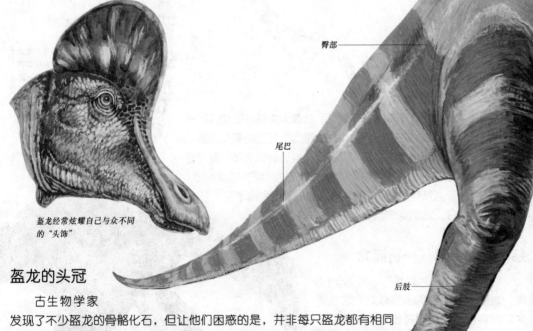

臀部

尾巴

盔龙经常炫耀自己与众不同的"头饰"

后肢

盔龙的头冠

古生物学家发现了不少盔龙的骨骼化石，但让他们困惑的是，并非每只盔龙都有相同的头冠。后来在1975年，美国的比较解剖学家对其进行仔细测量和研究后得知，盔龙头冠的大小和形状会因性别与年龄而有所不同。年轻的盔龙或者雌性盔龙的头冠都比较小，只有成年的雄性盔龙才拥有比较大并完全长成的头冠，而且它们在繁殖期可能会变换头冠的颜色以吸引异性。相反，较年幼的盔龙几乎是没有头饰的。

脚趾

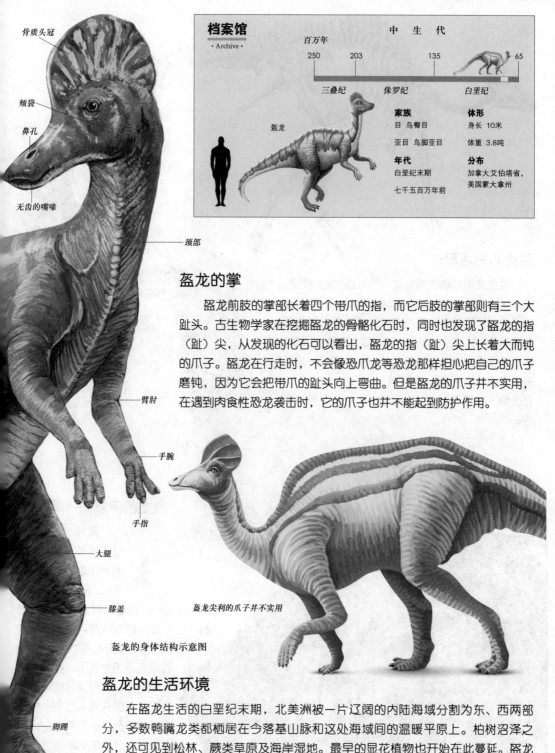

骨质头冠

颊袋

鼻孔

无齿的嘴喙

颈部

档案馆
· Archive ·

中 生 代

百万年

250　　203　　　　　135　　　　　65

三叠纪　　　侏罗纪　　　　白垩纪

盔龙

家族
目 鸟臀目
亚目 鸟脚亚目

年代
白垩纪末期

七千五百万年前

体形
身长 10米
体重 3.8吨

分布
加拿大艾伯塔省，
美国蒙大拿州

盔龙的掌

　　盔龙前肢的掌部长着四个带爪的指，而它后肢的掌部则有三个大趾头。古生物学家在挖掘盔龙的骨骼化石时，同时也发现了盔龙的指（趾）尖，从发现的化石可以看出，盔龙的指（趾）尖上长着大而钝的爪子。盔龙在行走时，不会像恐爪龙等恐龙那样担心把自己的爪子磨钝，因为它会把带爪的趾头向上弯曲。但是盔龙的爪子并不实用，在遇到肉食性恐龙袭击时，它的爪子也并不能起到防护作用。

臂肘

手腕

手指

大腿

膝盖

盔龙尖利的爪子并不实用

盔龙的身体结构示意图

脚踝

盔龙的生活环境

　　在盔龙生活的白垩纪末期，北美洲被一片辽阔的内陆海域分割为东、西两部分，多数鸭嘴龙类都栖居在今落基山脉和这处海域间的温暖平原上。柏树沼泽之外，还可见到松林、蕨类草原及海岸湿地。最早的显花植物也开始在此蔓延。盔龙就成群地生活在这片长有木兰、蕨类、棕榈树以及柏树的富饶森林里，以矮树上的叶子和果实等为食。

盔龙的骨骼

盔龙的生活形态

　　盔龙是相当聪明的恐龙，它走路时依靠后肢，但当它进食时就会用四肢着地以支撑身体。性情温和的盔龙不是天生的好战者，而且它也没有盔甲、棘刺和利爪去抵御肉食性恐龙的袭击，它主要依靠敏锐发达的视觉和听觉去预防不测。盔龙很可能会游泳，但游起来的速度肯定很慢，不过这也足以使它逃脱不会游泳的肉食性恐龙的追杀。

青岛龙

青岛龙的模型

盔龙的亲戚——青岛龙

　　青岛龙的骨架是中国最早发现的恐龙骨架之一，它体长约6.6米，高5米，活着时估计有6～7吨重。青岛龙的骨架化石几近完整，它的外貌与兰伯龙等鸭嘴龙类恐龙并没有很大的区别，也是前肢相对要小一些，后肢比较粗大。青岛龙最独特的特征在于它的头部前方有一个奇形怪状的冠，位于两眼之间，有1米长，看起来就像独角兽的角，这个冠又叫作"棘"，所以青岛龙也叫作"棘鼻青岛龙"。

青岛龙的冠的作用

化石表明，青岛龙的头上的冠是向前突出的，但是没有人知道这个冠具体有什么作用，有的古生物学家认为，这个冠在天气炎热的时候可能具有冷却功能，也许还是青岛龙抵抗外来侵略的装备，但是青岛龙却不能用这个冠把自己的声音扩大，就像其他有冠的鸭嘴龙那样。有的古生物学家认为，青岛龙的这块骨骼是在复原过程中被摆错了位置的鼻骨。如果真是这样的话，那么青岛龙就是一种扁平头颅的鸭嘴龙。

青岛龙的头部

机警的盔龙行走在群体队伍中

盔龙与鸭嘴龙类的混居

在一处埋有盔龙化石的岩层中，也同样埋藏着怪兽龙、原冠龙、兰伯龙与副龙栉龙的化石。这说明有时候盔龙会跟其他鸭嘴龙类族群在一起生活，并且有可能还在这个临时的群体中扮演着比较重要的角色，因为盔龙有独特的头冠和敏锐的嗅觉，这能够让别的恐龙一眼就找到团体的"中心"，而盔龙也能帮助各群体的成员保持联系。

盔龙的亲戚——亚冠龙

亚冠龙是酷似盔龙的鸭嘴龙类恐龙，以植物为食。和盔龙一样，亚冠龙也有一个突起的脊背，一个头盔一样的中空冠，它们也过着群居生活，既能以后肢行走，又能以四肢行走，进食时四肢着地。古生物学家发现了很多亚冠龙的化石，其中包括亚冠龙的成年体和幼年体，甚至还有几窝恐龙蛋，最令人惊喜的是，有的恐龙蛋化石中还有未孵化的小亚冠龙的胚胎。

亚冠龙的孵化

在加拿大的艾伯塔省，人们发现了一个亚冠龙的巢穴，巢穴里有8枚很大的恐龙蛋化石，这让古生物学家们对恐龙家族的生活有了进一步的了解。这些蛋成排地埋在一起，可能是准备孵化。每一枚亚冠龙蛋都有甜瓜那么大，里面的胚胎也已成为化石。蛋的上面可能盖着泥土和草木，因为在这种泥土草木的混合物中，草木腐烂时会发出热量，这有助于幼龙的孵化。

亚冠龙

135

兰伯龙

兰伯龙是一种以加拿大古生物学家劳伦斯·兰伯命名的恐龙。兰伯龙是鸭嘴龙中体形较大的一种，其体长几乎和暴龙一样，但它却是性情温和的植食性恐龙。兰伯龙也长有像鸭嘴一样的扁平嘴喙，前肢长有肉垫，喜欢在有水的地方活动，并且习惯过群居生活。

兰伯龙

原鸭嘴龙
原鸭嘴龙是已知最古老、最原始的鸭嘴龙类恐龙

背部脊椎

兰伯龙的外形

兰伯龙体形庞大，头部和颈部相对细小，尾巴粗大并从臀部均匀变细，整体看去形似大萝卜。兰伯龙的头部近2米长，像盔龙一样，头上也有头冠。此外，古生物学家们还发现了兰伯龙的足迹化石以及包着一层残存皮肤的指骨化石，从这些化石可以看出，兰伯龙既能用四肢行走，也能用两肢行走，其指和趾端都生有大小不同的蹄。与兰伯龙相近的属种也都具有这样的特征。

头冠的长刺

斧头状的头冠

腓骨

股骨

胫骨　跗骨

颈部脊椎

趾骨

兰伯龙的骨骼结构示意图

手掌有多肉的肉垫

趾骨

兰伯龙的头冠

　　兰伯龙的头冠分为两个部分：前半部分是一个冠状物，后半部分是一只短角，两个部分连在一起既像手斧，又像扁平的茶壶。有的古生物学家曾经认为，兰伯龙可以在水中生活，这个头冠是它潜水时的通气管。但现在人们普遍认为，这个头冠是用来发出声音的，长有头冠的不同种类的恐龙（如兰伯龙与盔龙）发出的声音也可能是不同的，因为头冠的形状不同，会造成不同的"音响效果"。

兰伯龙的头冠可能
有发声功能

尾部脊椎

神经棘

兰伯龙的讯号

　　兰伯龙头冠里的管子就像音箱，能使声音放大并产生低沉的共鸣，因此兰伯龙可能也有它们自己的声音。兰伯龙科的不同恐龙有可能以声音来进行沟通。如果某只兰伯龙离开了群体，不见了同伴的踪影，它能以声音与同伴取得联系而归队。鸭嘴龙类中的原盔龙没有头冠，但它有了鼻部气囊。当它准备呼叫时，鼻部气囊就会膨胀，或许会发出现生海豹般的高亢吼声。

兰伯龙的牙齿

　　兰伯龙的口中长有上百颗小而尖的牙齿，用来嚼碎松枝、嫩果和松果。与现在的哺乳动物不同，兰伯龙的旧牙齿被磨损掉之后，新的牙齿就会长出来以补空缺，这样即使到兰伯龙年老时，其牙齿都是锋利的。由此可以想见，拥有这种牙齿的恐龙可以对付任何食物。由于兰伯龙的嘴喙较宽，所以它往往不加辨别地把食物卷到嘴中，让这些锋利的牙齿去对付它们。

厚实的长尾巴

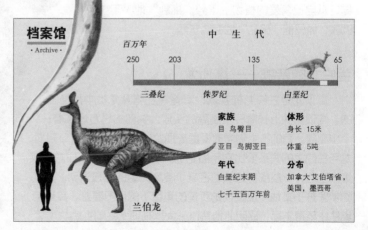

档案馆
· Archive ·

中　生　代			
百万年			
250　　　　203　　　　　　135　　　　65			
三叠纪	侏罗纪	白垩纪	

家族
目 鸟臀目
亚目 鸟脚亚目

年代
白垩纪末期
七千五百万年前

体形
身长 15米
体重 5吨

分布
加拿大艾伯塔省、美国、墨西哥

兰伯龙

兰伯龙的生活形态

兰伯龙以植物为食，在吃饱后也许会到河边喝水，甚至会像今天的水牛一样在水中泡上一阵。但由于季节的变化，各处的植物供给也不一样，所以兰伯龙会通过迁徙来寻找食物。兰伯龙喜欢群体生活，群体中的成员通过观察彼此不同的头冠来确认身份，并会通过头冠发出声音寻找走失的同伴。兰伯龙会依靠它锐利的眼光和灵敏的听觉注意周围的情况。一般情况下，兰伯龙习惯以四肢行走，但受到惊吓时，它也可以只依靠强壮的后肢逃生。

像鸭嘴的喙部

手斧一般的头冠

巨大的身躯

正在进食的兰伯龙

兰伯龙

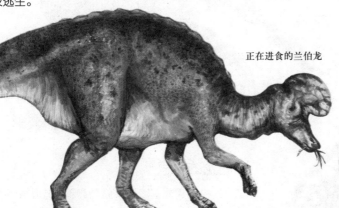

兰伯龙的食物

白垩纪末期，北美洲内陆海以西是兰伯龙生活的主要区域。由于食物的供给随着季节而变动，所以成群的兰伯龙或许会逐水草而居，从容地边走边吃，几乎从不挑剔吃到嘴里的是什么东西。造成这种情况的最主要原因是它的喙部较宽，使它无法像那些喙部很窄的恐龙一样，从自己喜爱的植物上十分"挑剔"地咬下小枝和叶子，而只能"胡乱"地吃些东西。

高顶龙

兰伯龙的亲戚——高顶龙

高顶龙是兰伯龙的亲戚，其脊背在鸭嘴龙类中是最高的。高顶龙头上长着一个高高的头冠，头部的后方还长着一个小突棘。有的古生物学家根据高顶龙的头部特征推断，高顶龙与兰伯龙的关系要比它与盔龙的关系亲近得多。高顶龙喜欢集体生活，一般成群结队地在某个食物充足的区域活动。古生物学家曾于某地发现高顶龙所造的巢留下的化石痕迹，其巢与巢往往离得不远，证明此地有过一大群高顶龙共同生活。

兰伯龙的邻居——鸭龙

　　和兰伯龙比邻而居的恐龙中包括鸭龙。鸭龙是鸟脚类恐龙中典型的鸭嘴龙类恐龙，其宽大的头部前端长有喙形嘴，体重达3吨。和鸭嘴龙类的其他成员一样，鸭龙的喙形部分没有牙齿，其牙齿位于下颌的后部。由于鸭龙的一些脚部化石显示其脚趾间好像有带状物相连，因此人们一度认为鸭龙是两栖动物，后来才弄清楚这些皮肤结块是鸭龙脚部肉垫的残留物，肉垫有助于鸭龙在陆地上活动时承受体重。

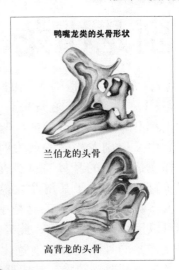

鸭嘴龙类的头骨形状

兰伯龙的头骨

高背龙的头骨

硬挺的尾巴

鸭嘴龙类的幼仔

　　在人们已经发现的鸭嘴龙类的化石中，除了成年的鸭嘴龙化石外，还有其巢穴、碎蛋壳和恐龙幼仔的化石。因为这些巢穴中有被踩碎的蛋壳，所以古生物学家们推测，这些恐龙幼仔在孵化之后，还会继续留在巢中一段时间，等到它们足以应对外面的世界时才会离开巢穴。据此也可以推测，这些小恐龙在巢穴中的生活由它们的双亲来照顾，其中包括给它们寻找足够的食物，以及保护它们不受肉食性恐龙的侵犯。

粗壮有力的后肢

恐龙一家其乐融融

副龙栉龙

副龙栉龙是鸭嘴龙类的一种。鸭嘴龙类的头上都有一块形状奇特的隆起，其中又以副龙栉龙的最为明显。副龙栉龙最突出的身体特征就是它头上的棒状头冠，人们对于其用途众说纷纭。不过，目前大多数人认为这个头冠是副龙栉龙的发声器，可以用来报警和求救。此外，古生物学家还从副龙栉龙的骨骼化石、遗迹化石等推断出，副龙栉龙是一种群居动物，常成群地在原野上漫游。

副龙栉龙的头冠很长，头冠的顶端有可能搁在背上

眼睛较大，视力很好

喙部适于吃植物

副龙栉龙的外形

副龙栉龙的外形与其他鸭嘴龙类非常相似，只是头冠有很大差别。副龙栉龙的头冠长在鼻骨上，头冠里长有U形管子。这种管子是这类恐龙的发声器，副龙栉龙通过使这些管子里的空气产生振动而发出声音。人们猜测，在副龙栉龙的脊背上可能有一处典型的凹陷处，刚好可以用于安置其长长的头冠顶端，好似它随身携带着挂物架。副龙栉龙的前肢十分强健，既可以在其以四肢行走时支撑体重，又可用于游泳和涉水。

副龙栉龙头冠的内部构造示意图

副龙栉龙

副龙栉龙的前肢非常强壮

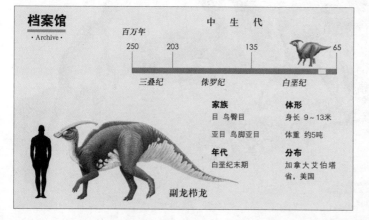

档案馆
· Archive ·

百万年		中 生 代		
250	203	135		65
三叠纪	侏罗纪	白垩纪		

家族
目 鸟臀目
亚目 鸟脚亚目

体形
身长 9~13米
体重 约5吨

年代
白垩纪末期

分布
加拿大艾伯塔省，美国

副龙栉龙

副龙栉龙的头冠

起初，人们都认为副龙栉龙的头冠能在它吃水下植物时帮助它呼吸，但是后来古生物学家经过研究证明，副龙栉龙的头冠是弯曲的，呈倒"U"形，顶端封闭，因此不能用作水下呼吸管，而且也不能增强嗅觉。但这个头冠可以用于辨认性别，还可以用于发声，并且发出来的声音因副龙栉龙的年龄、性别不同而略有不同。

副龙栉龙的生活形态

副龙栉龙的身躯很庞大

副龙栉龙是一种植食性恐龙，以两肢或四肢行走。在进食的过程中，副龙栉龙会非常警觉地观察周围的环境，一旦发现有风吹草动，它就会迅速奔跑，逃避危险。此外，副龙栉龙的大尾巴能够左右摆动，就像现在的桨一样，所以它还可以依靠这条灵活的大尾巴游到安全的深水区，把敌人甩在身后。

尾巴又长又大，并且很灵活，可以在游泳时作桨

副龙栉龙边进食边警觉地观望四周

副龙栉龙的防御手段

脚趾粗壮而有力

副龙栉龙没有梁龙那种鞭子似的尾巴来击昏敌人，也不像甲龙那样身披坚甲可以挡住敌人的进攻，副龙栉龙身体庞大，却没有什么防御武器，所以只能选择群居生活，依靠敏锐的视觉、听觉和嗅觉来发现潜伏的敌人。副龙栉龙的皮肤颜色可能比较灰暗，这有助于它们在茂密的森林中很好地保护自己。此外，在遇到危险时，它还能利用头冠发出声音，向附近的同伴报警并求救。

副龙栉龙靠敏锐的感觉保护自己

长春龙

长春龙是中国吉林大学博物馆于2002年7月
发现的一种恐龙，因在吉林省中部发现，就
以吉林省会长春命名。长春龙生活在早白垩纪时代，属鸟
臀目，是一种原始的小型鸟脚类恐龙，善于奔跑，以植物
为食。除了混合鸟脚类恐龙的一些原始和衍生性状外，长
春龙还与角龙类恐龙有相似的特征。因此，长春龙的发现
对于研究鸟脚类、角龙类恐龙的起源有重要意义。

头骨

下颌

眼眶

颈部脊椎

肩胛骨

腕关节

肘关节

长春龙的骨骼

通过化石判断，长春龙的全长近1米，头骨长为115毫
米，吻部比较短，眼眶长度接近头骨长度的1/3。这种恐龙
具有五颗前上颌齿、眶前孔小、外下颌孔缺失、前齿骨发
达等特征。长春龙的头骨化石保存得非常完整，特别是
其颅骨的侧面构造清晰可见，这种近乎完美的保存状态
在古脊椎动物化石当中相当罕见。根据其头部特征判断，
这种恐龙属于世界上首次发现的新属新种。

*白垩纪的气候很适合植物
生长，长春龙的食物应该
是很充足的*

长春龙的邻居——重褶齿猬属

长春龙的生活形态

长春龙生活在距今约1亿年
前的早白垩纪时代，它们的前肢较短，后肢修长优
美，由此可以推断，它是一种喜欢用前肢抓树叶吃的小型恐龙。
在发现长春龙化石的辽宁省中部，人们还曾先后发掘出鸟脚类、兽脚
类、角龙类等恐龙化石，以及哺乳类、鳄类等化石。这些发现证明，长
春龙的"左邻右舍"还不少，其中也有不少是它不得不防备的敌人，如
兽脚类恐龙中的暴龙等，鳄类也有可能对长春龙的生存构成威胁。

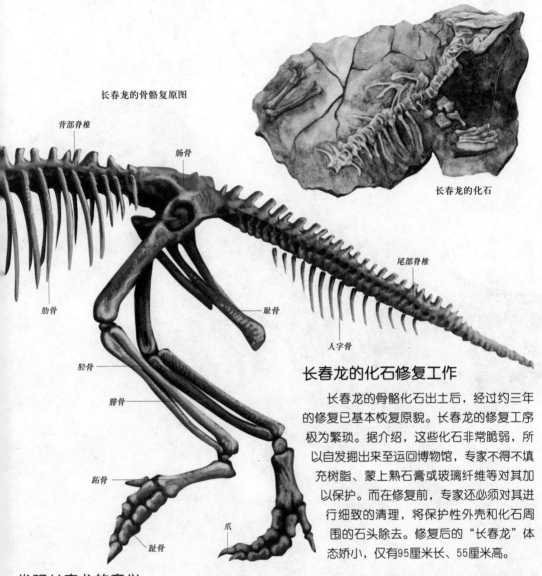

长春龙的骨骼复原图

背部脊椎

肠骨

肋骨

耻骨

胫骨

腓骨

跖骨

趾骨

爪

尾部脊椎

人字骨

长春龙的化石

长春龙的化石修复工作

　　长春龙的骨骼化石出土后，经过约三年的修复已基本恢复原貌。长春龙的修复工序极为繁琐。据介绍，这些化石非常脆弱，所以自发掘出来至运回博物馆，专家不得不填充树脂、蒙上熟石膏或玻璃纤维等对其加以保护。而在修复前，专家还必须对其进行细致的清理，将保护性外壳和化石周围的石头除去。修复后的"长春龙"体态娇小，仅有95厘米长、55厘米高。

发现长春龙的意义

　　在发现长春龙之前，中国也曾发现过许多原始的鸟臀目恐龙，但它们主要分布在侏罗纪地层中。长春龙是在中国白垩纪沉积层中发现的第二种原始鸟臀目恐龙，它对于研究鸟脚类恐龙的演化、角龙类的起源，以及深入了解白垩纪脊椎动物群的组成结构、生态环境等具有重要的意义。

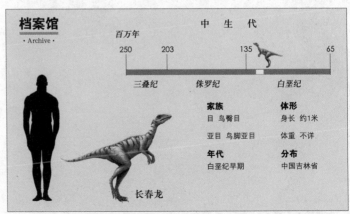

档案馆
· Archive ·

中　生　代

百万年

| 250 | 203 | 135 | 65 |

三叠纪　　侏罗纪　　白垩纪

家族
目　鸟臀目
亚目　鸟脚亚目

体形
身长　约1米
体重　不详

年代
白垩纪早期

分布
中国吉林省

长春龙

第五章

甲龙类恐龙

Diwuzhang

甲龙类恐龙是大自然鬼斧神工创造出来的装甲坦克式的动物，它们以四肢行走，牙齿和颌部比较简单，以吃低处的植物为生。甲龙类恐龙最明显的特征是身披坚甲，全副武装，在身上有一排排保护性的骨质结瘤、板块或长钉，形状、数量随着种类的不同而略有变化。棱背龙和小盾龙是早期的甲龙类恐龙，它们被划分在甲龙类，但是与剑龙的祖先关系也很密切。在甲龙类恐龙中，最先进化的是结节龙科，它们是身体沉重、行动迟缓的植食性动物，蜥结龙、埃德蒙顿甲龙、林龙等都是其中的代表。到了白垩纪晚期，结节龙科让位于真正意义上的甲龙科，后者的体甲更坚韧。

棱背龙

用来保持身体平衡的挺直的尾巴

棱背龙又被称为踝龙，是一种极原始的鸟臀目植食性恐龙。棱背龙全长约4米，其头部很小，四肢粗短，躯体偏圆，显得迟钝笨拙。棱背龙的背部长有许多棱状骨质突起，可以保护自己免受肉食性恐龙的袭击。古生物学家一直认为棱背龙是后来各种甲龙的祖先，只是后来的甲龙身上的护甲更坚硬，更难以攻克。

棱背龙的外形

和其他甲龙类恐龙相比，棱背龙的头部较小，颈部则比较长。它长有弯曲的下颌和独特的头盖骨，虽然上颌前段长有牙齿，却不是用来咀嚼的，而是上下咬动以便切断、咬碎植物柔软的花朵和嫩叶。棱背龙笨重的身躯下面是粗壮的四肢，其前肢比后肢略短，掌部宽大、强健，并生有蹄状的爪；后肢的掌部较长，长有三根长趾和一根短趾，趾头可能长有肉垫。棱背龙习惯以四肢行走，整个身体的最高点在臀部。

正在进食的棱背龙

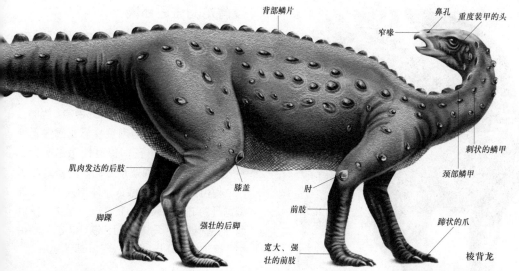

背部鳞片

鼻孔

重度装甲的头

窄喙

刺状的鳞甲

颈部鳞甲

肌肉发达的后肢

膝盖

肘

前肢

脚踝

强壮的后脚

宽大、强壮的前肢

蹄状的爪

棱背龙

棱背龙的皮肤

　　从棱背龙的皮肤印痕化石可以看出，其背上覆盖着一排排的骨质突起，在这些骨质突起之间又有许多圆形的小鳞片紧密地覆盖着皮肤。这些鳞片和北美洲俗称为"吉拉毒蜥"的美洲毒蜥的鳞片相似。棱背龙的颈部和背上还有一些低平的小型骨板。另外，棱背龙的腹部也都覆盖着鳞片。棱背龙皮肤的这一系列结构把它的全身保护得很好，虽然与棱背龙生活在同一时期的肉食性恐龙分布广泛，但它们都无法伤害到棱背龙。

棱背龙的皮肤复原图

棱背龙的脚骨

棱背龙的立姿与步态

　　棱背龙偶尔会直立身体，但平常都以四肢行走。它的骨骼化石显示出，臀部是它身体的最高点，但尚未高到使后肢成为类似杠杆的支点，好让直挺的尾巴和颈部能以其为转轴而转动。此外，棱背龙前肢的掌部和后肢的掌部一样宽，看起来很适于分担身体的重量。

棱背龙化石的发现

　　19世纪，人们就发现了一具不完整的棱背龙骨骼化石，这具骨骼化石发现于侏罗纪早期的石灰岩块中。工作人员用酸溶掉部分岩石，其中的骨骼化石才显露出来。1985年，一位业余的化石搜寻者在英国南部海岸发现了一个碎裂的小恐龙头颅化石，经过鉴定，该化石属于棱背龙。

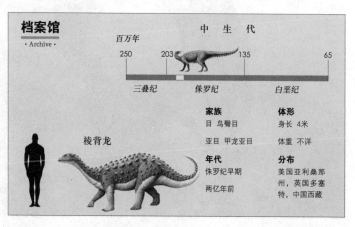

档案馆
· Archive ·

百万年		中　生　代		
250	203		135	65
三叠纪		侏罗纪	白垩纪	

棱背龙

家族
目　鸟臀目
亚目　甲龙亚目

年代
侏罗纪早期
两亿年前

体形
身长　4米
体重　不详

分布
美国亚利桑那州，英国多塞特，中国西藏

笨拙的棱背龙

棱背龙的生活环境

在侏罗纪早期，现今威尔士和比利时之间的山区横亘着一个低矮的高原山地。山丘上绿树青葱，到处都是翠绿的针叶树和蕨类植物。有时，翼龙会在一望无际的天空中飞过。棱齿龙就生活在这种环境中。当时，巨大的肉食性恐龙已经无处不在，植食性恐龙得小心地避开它们。大概是为了对付无处不在的敌人，体形大的植食性恐龙开始进化出装甲，它们低垂着头，接近地面，吃蕨类、马尾草和苏铁一类的低矮植物，偶尔推开蕨叶，蹒跚着到小溪边喝水。

正在草丛中觅食的棱背龙

棱背龙的生活形态

有一些棱背龙化石是从海相沉积岩中挖掘出来的，由此引发了古生物学家们对于棱背龙是否是一种两栖类动物的猜测。不过更多的古生物学家认为，棱背龙可能生活在河岸边，在偶然的情况下因河水暴涨而被淹死，最后被冲入海中并被泥沙掩埋起来而成为化石。棱背龙生活的地区曾经森林茂密，棱背龙用它的窄喙切剪下树上的嫩叶和多汁的果实，然后通过上下颌的简单运动咀嚼食物。

棱背龙的防御

棱背龙身上长有称为鳞甲的一片片骨板，其形状与大小因其生长在头部、背部或尾巴等不同部位而有所不同。这种鳞甲是棱背龙最好的防御装备，当棱背龙遭到掠食性动物的袭击时，它们会尽量把身体有骨板的部位对准敌人，这样肉食性恐龙即使咬穿棱背龙的外皮，其牙齿也会碰到这些硬块，之后就再也咬不下去了，最后有可能放弃眼前的猎物。

一只暴龙正在袭击棱背龙，但是面对棱背龙坚硬的骨甲却无能为力

棱背龙的鳞甲

覆盾甲类恐龙

因为剑龙类恐龙和甲龙类恐龙都武装着十分明显的防卫性骨质刺钉和骨板，所以人们把这两类恐龙合称为覆盾甲类恐龙。棱背龙和小盾龙便是早期的覆盾甲类恐龙。这两种恐龙体形较小，身上只长有成列的小型骨板和骨钉，但是它们却进化出了像剑龙和甲龙那样身躯庞大、行动缓慢的恐龙。

米莫奥拉龙是覆盾甲类恐龙的成员之一

依矛龙

生活在侏罗纪早期的依矛龙也是覆盾甲类恐龙的一种。它是一种植食性恐龙，体长约2米，以德国北部的一座大学城命名。1990年，依矛龙的化石发现于此地。人们挖掘出来的化石只有依矛龙的部分颅骨、骨骼及一些甲胄碎片。依矛龙跟棱背龙和小盾龙一样，也从表皮中长出护板和锥状突起。

小盾龙

颅骨细小，
面颊可能并
不丰满

背上有多排平行的骨质棱鳞

前肢较长

小盾龙

后肢粗壮

臀部宽阔

小盾龙是在北美洲侏罗纪早期的岩石中发现的一种恐龙，是最早既能快跑又有装甲的恐龙物种之一，于1981年被命名。它和棱背龙都属于早期的鸟臀目恐龙，与甲龙和剑龙的祖先血缘关系很近。小盾龙四肢长短均衡，体形小巧，不仅灵活善跑，身上还有轻型装甲。

小盾龙的外形

小盾龙体态轻盈，全长1.2米，尾巴长0.7米，臀部高约0.3米，这种狭长的身体、纤细的四肢及延伸加长的尾部，使它的外形极像今天的蜥蜴。小盾龙的身上长满了骨质棱鳞，这也是它最有效的防御武器。小盾龙的头部和其他植食性恐龙的头部有很大的不同，它没有大多数植食性恐龙都有的颊囊，其上下颌中广布着叶状的牙齿，可以用来磨碎食物。现代的鬣蜥也有着与其功能完全相同的近似的牙齿。

小盾龙的鳞甲

小盾龙最突出的特征就是它的装甲，它狭长的身体上覆盖着300多块细小的骨质棱鳞，分布于其背部、体侧和尾巴基部起保护作用。其中最大的鳞甲沿着背部排列而下，可能一排或两排，形成了一个布满钉刺的脊背。小盾龙在遭到袭击时，就会蜷起身子，将硬甲对准攻击者。任何大型的肉食性恐龙叼起此时的小盾龙，都会满口骨刺，感到极不舒服。

小盾龙的鳞甲有点像现代的穿山甲的鳞甲

小盾龙的四肢

小盾龙四肢纤细，虽然它的后肢并不如当时其他植食性恐龙那么长，但它的身体在臀部平衡得很好。小盾龙的前肢上有细小的带五个指爪的掌部。和大多数恐龙比起来，小盾龙的前肢要长得多。小盾龙身上的骨质甲胄使它的身体前段相对较重，所以小盾龙可能大部分时间都是以四肢着地。但是，小盾龙的尾巴细小，而且非常长，占身长的一半以上。所以小盾龙也可以用后肢行走，借助长长的尾巴来保持平衡。

小盾龙以低矮的植物为食

尾巴细长

一只小盾龙正蜷起身子抵御一只肉食性恐龙的袭击

小盾龙的生活形态

小盾龙分布在北美洲，它们生活在食物丰富的丛林里，以简单的颊齿切断并咬碎柔软多汁的低矮植物。作为体形较小的植食性恐龙，小盾龙必须随时保持警惕。稍有风吹草动，小盾龙就会急匆匆地逃跑。如果它在没有防备的情况下遇到肉食性恐龙的袭击，它的鳞甲也能够帮它抵御一阵。

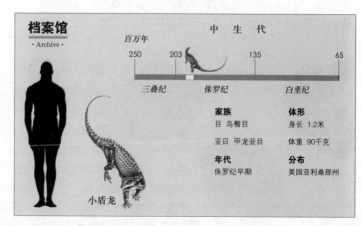

档案馆
· Archive ·

百万年		中 生 代		
250	203		135	65
三叠纪	侏罗纪		白垩纪	

家族	体形
目 鸟臀目	身长 1.2米
亚目 甲龙亚目	体重 90千克
年代	**分布**
侏罗纪早期	美国亚利桑那州

小盾龙

蜥结龙

蜥结龙生活在白垩纪早期的今北美洲地区，是甲龙类恐龙中出现较早的恐龙，也是最原始的成员之一。蜥结龙是一种性情温和的植食性恐龙，奔跑时速度并不快。它的背部布满了骨质甲片，身体两侧还有成排的尖刺，这些护甲可以有效地抵御肉食性恐龙的袭击。

骨质结瘤

颈部骨钉

窄小的鼻部

蜥结龙

柱状的腿

易受攻击的腹部

钝爪

蜥结龙的外形

蜥结龙的头部相对于它的身体显得很小，它的口鼻部比埃德蒙顿甲龙的要窄小。蜥结龙的颈部两侧长着骨刺；从肩部到尾巴末端的两侧也都分布着三角形的骨板；背上布满了很多的骨质突起，就像一个个小结瘤，而骨锥则横着排列，点缀在骨质小结瘤之间；四肢十分粗壮，像柱子一样支撑着它全身的重量；尾巴则逐渐变细，末端并不具备尾锤。

蜥结龙的骨锥化石

蜥结龙的坚甲

蜥结龙全身都披有骨板，能够抵御敌人的攻击，这些坚甲因部位的不同而有所不同。覆盖在蜥结龙背上的是易弯曲的"环甲"，呈结瘤状，并且成排排列。其颈部的两侧长有骨刺，骨刺也可能护卫着身体两侧，防范来自侧面的攻击。相对而言，蜥结龙的坚甲比埃德蒙顿甲龙的坚甲要原始一些。它颈部的两侧只有向外突出、尖锐的骨钉，而不是像埃德蒙顿甲龙那样拥有横铺着的三排骨板。

骨锥

三角形的
侧面骨板

具坚甲的尾巴

蜥结龙遭受攻击

蜥结龙的防御

与其他植食性恐龙一样，蜥结龙也有着很多的天敌，其中主要是大型的兽脚类恐龙。身躯笨重、以四肢行走的蜥结龙平时的行动速度不会快过步行，在紧急情况下它或许能够快跑。即使如此，它那柱状的腿也很难达到飞奔的速度，这样根本无法逃离一群长腿、饥饿的掠食者。但是，蜥结龙的坚甲、保护性的骨锥和骨质结瘤，以及肩膀上的长钉都是很有效的防御装备，所以如果蜥结龙选择坚守阵地，那么它蹲伏着身体时，靠着背上的坚甲就能抵御一般的敌人。

蜥结龙的生活形态

蜥结龙大约生活在一亿年前白垩纪早期的北美洲西部，它们四肢均衡，但形体较大，可能不善于奔跑。蜥结龙与其他甲龙类及它们的亲戚剑龙类一样，都是无攻击性、身体庞大的植食性恐龙，它们整天游荡在水草丰茂的丛林里，利用嘴喙剪下长在低处的植物，并用小而脆弱的颊齿咀嚼食物。

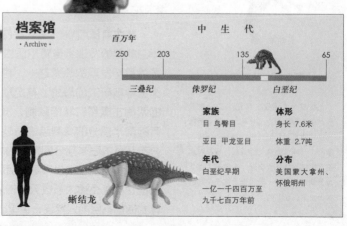

档案馆
· Archive ·

中　生　代

百万年

| 250 | 203 | 135 | 65 |

三叠纪　　　　侏罗纪　　　　白垩纪

家族
目 鸟臀目
亚目 甲龙亚目

体形
身长 7.6米
体重 2.7吨

年代
白垩纪早期

一亿一千四百万至
九千七百万年前

分布
美国蒙大拿州、
怀俄明州

蜥结龙

153

结节龙科恐龙

结节龙科

　　甲龙亚目总共分为两个科：结节龙科和甲龙科。结节龙科包括了蜥结龙、林龙、林木龙、重装甲龙以及埃德蒙顿甲龙等恐龙。这类恐龙的体表覆盖着坚硬的铠甲，防御能力可以和坦克相媲美。它们可能爱吃低处柔软的植物。结节龙科的恐龙有大有小，但都是四肢行走的动物。

高棘龙

不是棘龙的高棘龙

　　高棘龙生活在白垩纪早期，主要分布在美国的俄克拉荷马州、得克萨斯州、犹他州和马里兰州，身长3～4米，重2～3.5吨。高棘龙的颈部、背部和尾部都有较长的棘椎突起。它曾被人误认为是棘龙的一种，而实际上属于早期的鲨齿龙类或晚期的异龙类。

林龙

　　林龙身长约4米，生活在白垩纪早期，1832年由禽龙的发现者曼特尔医生研究定名。林龙是最早被发现的恐龙之一，也是恐龙家族中第三种被研究的恐龙。林龙从颈部到尾部的两侧布满了钉状的棘刺，从颈部到背的前半部分的棘刺越往后越大，而分布在背的后半部分到臀部的棘刺则越往后越小。此外，林龙的背部中间布满了大小不等而且突出于皮肤的卵圆形骨甲。这身装备能让林龙免遭大多数天敌的袭击，只有极少的野兽能够攻破。林龙的化石目前只发现于英国。

林木龙

　　林木龙是生活于白垩纪早期的
结节龙科恐龙，身长可达4米，其化
石发现于美国堪萨斯州。与林龙一
样，林木龙也具有结节龙科的一系
列原始特征，其中包括上颌的尖小
牙齿，这与后来的种类形成对比，
因为后来的种类往往长着没牙的喙状嘴。林
木龙的颈部较长，这使它们不仅能够进食贴
近地面的植物，还能吃到较高的灌木。它们
的身上通常也长有很大的骨板和刺突，但由
于现在所发现的林木龙化石不完整，所以人
们很难搞清这些骨板和刺突的排列方式。

多棘龙

多棘龙

　　多棘龙也是结节龙科的成员之一，生活在白垩
纪早期，主要分布在现在的英国所在的区域，以植
物为食。从名字就可以看出，多棘龙的身上有很多
棘刺，而事实确实如此。多棘龙的背部有很多明显
的突起，以此来保护腰部。这是多棘龙最明显的
特征。

背部中间布满了大小不等并突起的卵圆形骨甲

林龙

结节龙

结节龙

　　结节龙是生活于白垩纪晚期的结节龙科恐龙，其化石发现于美国
堪萨斯州、怀俄明州等地。结节龙看起来像一只巨大的史前犰狳，它
的学名的意思是"块状的蜥蜴"。结节龙弓形的背上，从脖子以下一直到尾巴都覆盖
着带状的小骨板。虽然还没有发现它的头骨化石，但从其身体其他部位的化石推测，
它的头部较小，嘴巴狭长。像所有的甲龙科恐龙一样，结节龙以低矮的草木为食，牙
齿呈叶状。就结节龙的生活方式和饮食习惯来看，它们很可能过着群居生活。

敏迷龙

敏迷龙是在南半球发现的第一种甲龙，它的第一具骨骼化石于1964年发现于澳大利亚昆士兰附近的敏迷叉路。以前所发现的甲龙类化石主要集中在中国、蒙古、美国和俄罗斯等北半球国家和地区，在南半球的昆士兰出土的敏迷龙完整化石十分罕见。

敏迷龙的化石骨架

敏迷龙的骨架

到目前为止，人们只发现了两具敏迷龙的骨架化石。1964年发现的那具骨架化石较为凌乱，而且缺少很多部分，所以对研究敏迷龙的意义不是很大。1990年发现的第二具骨架比较完整，正是通过对这具化石的研究，古生物学家们才对敏迷龙有了更进一步的了解。研究者们发现，敏迷龙的头部由前到后逐渐变宽，背上还有数排骨板。

背部的骨质小结瘤

肩部的骨甲

扁平的头部

敏迷龙的分类

目前，对于敏迷龙的分类还不是十分确定，根据前后所发现的两具骨架化石，古生物学家们确定敏迷龙披有骨板，长有骨钉，以四肢行走，以叶状小牙齿啃食植物。因为没有发现敏迷龙长有尾锤，所以古生物学家们将敏迷龙归入甲龙类结节龙科。也有古生物学家认为，敏迷龙可能是一种原始的甲龙类，或者属于甲龙类中结节龙科和甲龙科之外的单独的一科。

腹部的坚甲

敏迷龙

厚重的爪

健壮的前肢

敏迷龙的外形

　　敏迷龙的整个头部就像一个箱子，前端有角状的嘴喙，从侧面看与乌龟的头相似。敏迷龙身体的各个部位几乎都覆有甲片：背部有类似瘤状物的鳞甲，柔软的腹部上覆盖着由很小的盾甲组成的鳞甲，四肢上也有这样的鳞甲保护着，臀部上的骨板扁平尖锐，尾巴上也有两排呈三角形的骨板。

敏迷龙的头部与现代龟类
的头部有几分相似

敏迷龙的生活形态

　　敏迷龙是植食性恐龙，习惯以四肢行走，其前肢和后肢几乎一样长，所以当它四肢着地时，整个背部基本保持着水平状态。敏迷龙遇到肉食性恐龙时，它身体上覆盖着的那层坚甲能使它减少受攻击的危险。即使肉食性恐龙把敏迷龙扑倒在地，去咬食它时，也要考虑一下被敏迷龙的坚甲碰断牙齿的可能性。不过，虽然周身有甲片保护，但在遭遇敌人时敏迷龙却宁愿采取逃避的方式进行消极的反抗，这点可能是敏迷龙在生活形态上最显著的特征。

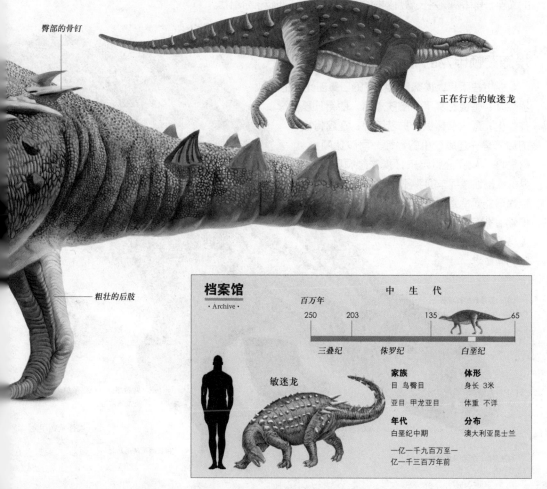

臀部的骨钉

正在行走的敏迷龙

粗壮的后肢

档案馆
· Archive ·

中　生　代

百万年

250　　　203　　　135　　　65

三叠纪　　侏罗纪　　白垩纪

敏迷龙

家族
目　鸟臀目
亚目　甲龙亚目

体形
身长　3米
体重　不详

年代
白垩纪中期

分布
澳大利亚昆士兰

一亿一千九百万至一
亿一千三百万年前

埃德蒙顿甲龙

埃德蒙顿甲龙生活在白垩纪末期，从已经发现的几块几乎完整的骨骼化石来看，其体格比现在最大的犀牛还要健壮，体重有4吨。埃德蒙顿甲龙的头很小，身体庞大且覆盖着大块的骨板，体侧长有大型骨刺。虽然埃德蒙顿甲龙性情温顺，但是为了自卫或保护孩子，它也很可能会向大型肉食性恐龙发起攻击。

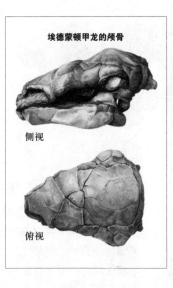

埃德蒙顿甲龙的颅骨

侧视

俯视

埃德蒙顿甲龙的外形

埃德蒙顿甲龙的整个身体从头部往臀部越来越宽，身上还披着一层重重的钉状和块状的甲板，其头部和颈部也有骨板。埃德蒙顿甲龙两块连接头和脊椎的椎骨融为一体，这意味着它很难扭动自己的颈部，身体两侧各长着几对很尖锐的骨质刺，四肢十分粗壮。

埃德蒙顿甲龙的头部

由上往下看，埃德蒙顿甲龙的口鼻部使它的头颅呈梨状；骨板和其下的皮肤愈合，使得顶部变厚并强化，最大的骨板保护着脑壳；在这骨板的边缘是一连串较小的骨板，可以让颅骨增厚。从侧面看起来，埃德蒙顿甲龙的头部很像绵羊的头部。其狭窄的嘴喙可能适合啃食柔软多汁的低矮植物，然后再用具棱脊的小颊齿来切断食物。

上覆角质层的棱棘状骨质棱鳞（甲胄）

第二道骨质护板项圈

第一道骨质护板项圈

两肋部位有棘钉保护，可防备敌人攻击

埃德蒙顿甲龙

肩膀上有防卫作用的骨质长棘钉

口部最前端是狭窄的嘴喙

粗壮而宽阔的短足

埃德蒙顿甲龙的牙齿

埃德蒙顿甲龙的牙齿比较原始，而且牙齿与牙齿之间互不相连。它的颊齿从正面看，牙冠呈叶状，中间还有脊状突起，牙齿表面都有牙釉质的保护。埃德蒙顿甲龙的牙齿从牙冠到牙根长约4厘米，这在甲龙类结节龙科恐龙中算是比较小的，但相对于那些甲龙科恐龙而言却要大得多。

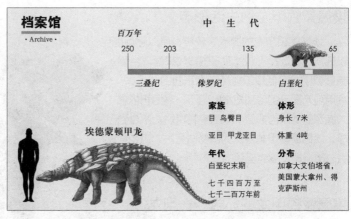

档案馆
· Archive ·

百万年　　　　　　　　中　生　代

250　　　203　　　　　　135　　　　65

三叠纪　　　侏罗纪　　　　白垩纪

埃德蒙顿甲龙

家族	体形
目 鸟臀目	身长 7米
亚目 甲龙亚目	体重 4吨
年代	**分布**
白垩纪末期	加拿大艾伯塔省，美国蒙大拿州、得克萨斯州
七千四百万至七千二百万年前	

具有脊状突起
的牙冠呈叶状

牙根部分
较长

埃德蒙顿甲龙的
牙齿正面图

埃德蒙顿甲龙的颈部骨板

除了背部的骨板外，埃德蒙顿甲龙的颈部也长有骨板，从颈部前端到肩部共有三排，最后面的两块骨板是最大的。据推测，其颈部骨板的表面可能曾包着一层角质。这种骨板像是围护在柔软颈部的坚硬盾牌，当艾伯塔龙试图用尖牙咬住埃德蒙顿甲龙的颈部时，这种骨板便能起到有效的防护作用。而且，埃德蒙顿甲龙的肩部也长有骨钉，这些骨钉连同骨板都能有效地保护颈部。

埃德蒙顿甲龙颈部的最大骨板

埃德蒙顿甲龙颈部
的骨板可以充当坚
硬的盾牌

肌肉发达的尾部有
几排棱脊状护板

埃德蒙顿甲龙的自卫

因为埃德蒙顿甲龙的腹部柔软无甲，所以很多人以为它在遇见掠食者时会匍匐在地上，把自己缩成一团，直到敌人走开，以此来做消极反抗。其实更为可能的情况是，埃德蒙顿甲龙会采取一种积极的自卫方式。它会直冲向敌人，并用身体两侧及肩上的骨钉去刺袭击者。当两只雄性埃德蒙顿甲龙相遇时，它们可能会为了争夺雌恐龙或地盘而大打出手。

埃德蒙顿甲龙的生活形态

埃德蒙顿甲龙的嘴喙很狭窄，所以它可能比较挑食，会选择一些汁液多的植物来吃。当埃德蒙顿甲龙在低矮的树丛中吃东西的时候，会用前方无牙的喙部把嫩叶叼下，然后再依靠大嘴深处的颊齿把叼下来的食物嚼烂。不过到了旱季，埃德蒙顿甲龙爱吃的植物枯死后，它也可能会去啃食树皮或者坚韧的灌木。

埃德蒙顿甲龙的邻居——甲龙

甲龙是一种体形巨大的植食性恐龙，生活在白垩纪末期，其化石发现于美国蒙大拿州、加拿大艾伯塔省，所以可以说，甲龙是埃德蒙顿甲龙的邻居。甲龙是爬行动物时代自我保护能力最好的植食性动物之一，它可能像许多亲缘动物一样过着群居生活，在吃完了一个地区的食物之后再迁徙到别处。

埃德蒙顿甲龙带着小恐龙寻找多汁的植物

甲龙

甲龙的外形

甲龙是甲龙科恐龙中最大、也几乎是最后的成员。这种植食性恐龙身长10米，体重达4吨。甲龙长着一个巨大的尾锤，其重量超过50千克，几乎和现在一个成年人的体重相近。甲龙可以快速挥起尾锤，击碎来犯的肉食性恐龙的头骨。此外，甲龙还长着嵌入皮肤的甲板，以及甲龙类恐龙特有的一排排刺突和节结，这些都是它最好的防御武器。

甲龙用尾锤击打袭击它的暴龙

甲龙的防御装备

甲龙的身体两侧覆盖着骨板，骨板上还密布着棘突，可以增强它的防御效果。甲龙的头骨相当完整和坚固，能对头部起保护作用。甲龙化石显示，在甲龙的眼部区域也有骨骼，这证明甲龙的眼皮上也有青甲。而且，甲龙的臀部上方至尾部的大部分地方竖立着尖如匕首的棘刺，身体两侧也各有一排尖刺。这种严密的防御装备，足以抵挡住大部分的肉食性恐龙。

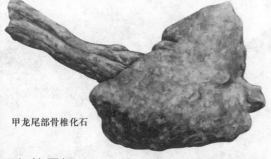

甲龙尾部骨椎化石

甲龙的尾锤

甲龙尾锤的功能

甲龙的尾锤

甲龙全身的装备几乎都是用来防御的，唯一的攻击性（或者说主动防御）武器便是其尾部的尾锤。甲龙的尾锤处于尾部的最末端，和别的甲龙类恐龙的尾锤不同的是，甲龙的尾锤稍平一些，并且，它的尾锤不是实心的，而是有孔的。甲龙在遇到敌人时，会狠狠地甩动尾巴，以便用尾锤来击打敌人。甲龙低矮的体形、4吨的体重，以及弹性较好的尾巴使这个尾锤的攻击力不容小觑。

人们普遍认为，甲龙带尾锤的尾巴是用来当作武器的。但曾经有种理论认为，甲龙的尾锤还有别的用途。在甲龙遭到追击时，它可以把尾巴在空中举高，使其尾巴看起来像是鸭嘴兽的头，然后躲在鸭嘴兽群之中。但出现这种情形的可能性很低，因为当甲龙面对掠食者的追击时，躲在鸭嘴兽群之中并没有什么好处。

包头龙

甲龙类是一些身披重甲的植食性恐龙，而其中的包头龙更是发展到连眼睑上都披有甲板，真正地将整个头部都包裹起来了。包头龙这种形似坦克的头颅表面长有融合成一体的系列鳞甲，身体覆盖着扁平且相互交错的骨板，骨板向尾后缩小直至尾锤。

包头龙的肩胛骨

包头龙的外形

包头龙属于典型的甲龙科恐龙。它的身体应该是平阔而呈水桶状的，这样才能装下它那大而复杂的消化系统。包头龙拥有复杂的鼻孔通道、短而宽的头颅，但它最突出的特征是全身披有骨甲，平阔的背部有很多细骨突和圆板。包头龙的尾巴挺直，像一根坚硬的棍子，尾尖上还有一个沉重的大骨锤。由已发现的化石标本来看，包头龙一般独来独往，虽然全副武装，它仍可以轻巧的步伐快速前进。

尾部侧面的肌肉组织

尾锤

包头龙体形小，行动敏捷，能避开大型恐龙的侧面攻击，并用尾部袭向敌人的小腿和脚踝，将其打倒

包头龙的防御装备

　　包头龙的防御装备很齐全，它的颈部长有平阔的骨质硬板，肩膀长有锥状的骨板，尾部末端还有一个尾锤。一般的甲龙只有身体上有骨板，而包头龙连头部也彻底地武装了。它的整个头部都有用骨片组成的坚甲，头部背面还有四根短角护卫着，连眼睑上也有像遮板一样的活动骨甲。

包头龙的尾锤

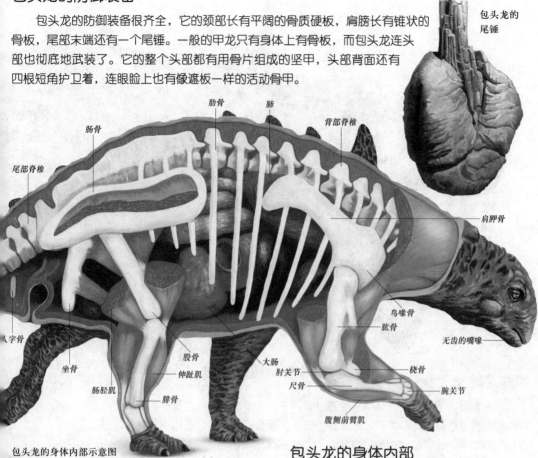

包头龙的身体内部示意图

肠骨　　肋骨　　肺　　背部脊椎　　肩胛骨　　鸟喙骨　　肱骨　　无齿的嘴喙　　桡骨　　腕关节　　肘关节　　尺骨　　腹侧前臂肌　　大肠　　腓骨　　肠胫肌　　伸趾肌　　股骨　　坐骨　　人字骨　　尾部脊椎

包头龙的尾巴

　　包头龙的尾巴是它的自卫武器。由于包头龙的尾骨由肌腱绑束在一起，所以其尾巴的大部分是硬挺的，只有尾巴基部的关节非常灵活，这使包头龙能自由地甩动尾巴末端的尾锤去打击敌人。包头龙的尾锤由10块分叉的尾椎骨组成，从已发现的包头龙尾锤化石可以看出，其尾锤的形状如同两个圆球中间还有一个半圆形的球体。包头龙或许可以利用它的这种尾锤击倒比它体形大得多的大型肉食性恐龙。

包头龙的身体内部

　　包头龙有着长而回旋的肠子，能很好地吸收食物中的养分。它的肩胛骨十分粗大，与之相连的肱骨也很强壮。它的髋骨呈棚架状，附着在髋骨上的肌肉能带动后肢，还能牵引尾巴甩动尾锤。它的心脏、肺脏等内脏则由粗壮而弯曲的肋骨包裹着。

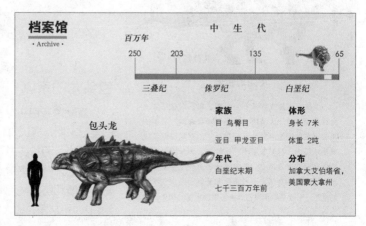

档案馆
· Archive ·

中　生　代

百万年

250　　203　　135　　65

三叠纪　　侏罗纪　　白垩纪

包头龙

家族	**体形**
目　鸟臀目	身长 7米
亚目　甲龙亚目	体重 2吨
年代	**分布**
白垩纪末期	加拿大艾伯塔省，
七千三百万年前	美国蒙大拿州

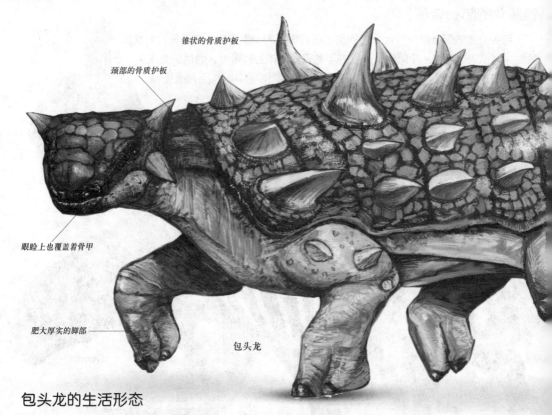

锥状的骨质护板

颈部的骨质护板

眼睑上也覆盖着骨甲

肥大厚实的脚部

包头龙

包头龙的生活形态

　　包头龙是北美洲西部森林中孤独的行者，不会聚集成群。它也是一种典型的植食性恐龙，而且不怎么挑食。它那水桶般的身躯里装着结构复杂的消化系统，可以慢慢消化食物。包头龙不会对其他恐龙发起主动攻击，它身上的骨甲和尾巴上的尾锤不过是它的防身武器而已。在遇到肉食性恐龙时，包头龙也能够轻巧地躲开它们的侧面攻击。

色拉都龙

甲龙的祖先

　　虽然甲龙是直到侏罗纪末期才真正兴盛起来的鸟臀目恐龙的一大类群，但是科学家推测，它们的祖先早在侏罗纪早期就已经出现了。在英国侏罗纪早期地层中，科学家发现了一种与大地龙相似的中等体形的鸟臀目恐龙，并将其命名为色拉都龙。由于色拉都龙的身体上长有骨甲和骨刺，因此科学家们推测，它就是后来那些身披重甲的甲龙的祖先。

包头龙的亲戚——篮尾龙

　　篮尾龙与包头龙一样都属于甲龙家族。它生活在白垩纪末期，身长为4.5～6米，体重为2吨，其化石发现于蒙古。和包头龙一样，篮尾龙身上也长有骨质棘刺，尾巴末端长有骨质尾锤。它的身体要比包头龙略短，速度和防御性都有所增强。篮尾龙身上的骨头大约有700块之多，比人类要多大约500块。

篮尾龙

早期的甲龙——盖斯顿龙

盖斯顿龙是发现于美国西部的一种早期甲龙，它们生活在距今一亿两千五百万年前，身长超过5米，体重1～2吨。在盖斯顿龙生活的时代，许多肉食性恐龙无时无刻不在威胁着其他动物的安全。当时，现今的美国西部游荡着一种叫作犹他盗龙的凶猛的肉食性恐龙。盖斯顿龙和其他甲龙一样长满了骨板，但它行动缓慢，感觉迟钝，所以经常成为犹他盗龙偷袭的目标。

平阔的背部

硬挺的尾巴

尾尖长有骨锤

盖斯顿龙的外形

盖斯顿龙的腿很粗，低低的身体贴近地面，这样的身体结构显然无法使盖斯顿龙跑得很快。也许是为了弥补这一缺陷，盖斯顿龙整个身体表面覆盖有坚硬的骨板和骨刺，其中颈部高耸的尖刺有十几厘米长。这样的"重装甲"可以让绝大多数捕食者望而却步，因为即使掠食者有胆量上前进犯，也像面对刺猬一样无从下口，不管它怎么咬、怎么抓，也咬不住、抓不破这种"重装甲"。

毫无防备的盖斯顿龙

第六章 ■

剑龙类恐龙

Diliuzhang

　　剑龙类是鸟臀目恐龙中较早分化出来的类群，是以四肢行走的植食性恐龙。根据可靠的化石记录，最早的剑龙出现于侏罗纪的中期，在四川省自贡市发现的华阳龙就是它们的代表，后期的剑龙类恐龙如剑龙、钉状龙、沱江龙等在侏罗纪晚期较为繁盛，而在白垩纪晚期来临前就已经几乎灭绝了。剑龙类最主要的特征是身体背面从颈部至尾部长着两列骨板（或骨棘），沿着背中线两侧排列，古生物学家把这些骨板叫作剑板；在尾端还有两对长长的骨棘，叫作尾刺。这些尾刺是剑龙防御敌害的武器。剑龙类虽然分布在亚洲、北美洲、非洲和欧洲的广大地区，但是较为原始的种类都发现于中国。

华阳龙

华阳龙是生活在侏罗纪中期的剑龙，也是迄今为止所发现的最原始的剑龙，犬状齿的存在和剑板的对称排列是其最明显的特征。华阳龙的化石标本是侏罗纪中期剑龙家族中保存最完整的，首先发现于中国四川省自贡市大山铺恐龙动物群化石点，因四川古称华阳而得此名。

低垂的颈项以及头颅几乎可以触及地面，适合以低矮的植物为食

肩部有比较长的棘刺，可以作为有力的武器

华阳龙

华阳龙的外形

华阳龙身长近4米，体重1～4吨。与生活在同时代、同地区的蜀龙、峨嵋龙等相比，华阳龙较为矮小。华阳龙的头较小，但比较厚重，从上往下看呈三角形，从侧面看前低后高。它的牙齿细小，呈叶片状，嘴前端长有构造简单的犬状齿。华阳龙长有适应陆地生活的四肢，指（趾）端长有扁平的爪子。

从粗短的腿部看，华阳龙的行动可能比较缓慢

后肢几乎和前肢一样长，而后期的剑龙类前腿显著地比后腿短

防御状态下的华阳龙

华阳龙的剑板和棘刺

在华阳龙的背上长有两排直立的骨质剑板；肩上还各有一个多余的棘刺，这可以对来犯的敌人构成很大的威胁；其尾部末端还长有四个尖锐的尾刺，估计是用来防御其他恐龙的。华阳龙的剑板形状多样，颈部的剑板呈圆桃形，背部和尾部的剑板呈矛状，左右双双对称排列。当饥饿的气龙攻击华阳龙的时候，华阳龙会把身体转到某个适当的位置，以使它身上的长刺指向进攻者，同时用带有长刺的尾巴猛烈抽打敌人。

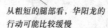

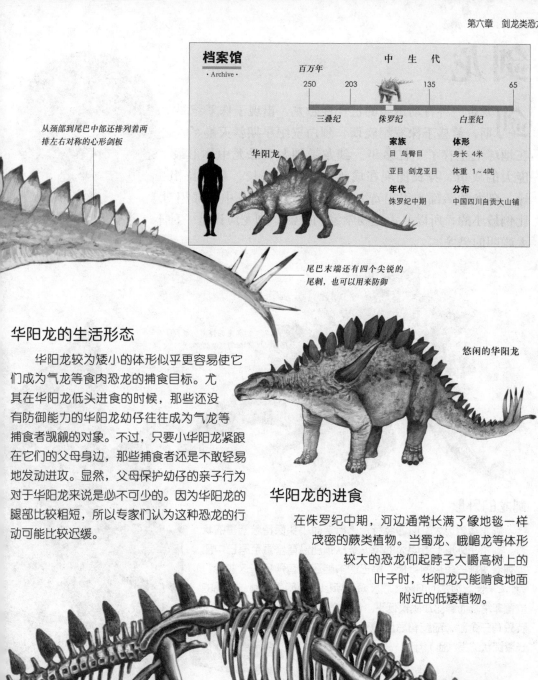

从颈部到尾巴中部还排列着两排左右对称的心形剑板

档案馆
· Archive ·

	中 生 代			
百万年				
250	203		135	65
三叠纪	侏罗纪		白垩纪	

华阳龙

家族	**体形**
目 鸟臀目	身长 4米
亚目 剑龙亚目	体重 1～4吨
年代	**分布**
侏罗纪中期	中国四川自贡大山铺

尾巴末端还有四个尖锐的尾刺，也可以用来防御

华阳龙的生活形态

华阳龙较为矮小的体形似乎更容易使它们成为气龙等食肉恐龙的捕食目标。尤其在华阳龙低头进食的时候，那些还没有防御能力的华阳龙幼仔往往成为气龙等捕食者觊觎的对象。不过，只要小华阳龙紧跟在它们的父母身边，那些捕食者还是不敢轻易地发动进攻。显然，父母保护幼仔的亲子行为对于华阳龙来说是必不可少的。因为华阳龙的腿部比较粗短，所以专家们认为这种恐龙的行动可能比较迟缓。

悠闲的华阳龙

华阳龙的进食

在侏罗纪中期，河边通常长满了像地毯一样茂密的蕨类植物。当蜀龙、峨嵋龙等体形较大的恐龙仰起脖子大嚼高树上的叶子时，华阳龙只能啃食地面附近的低矮植物。

华阳龙的骨架复原图

剑龙

剑龙是一种行动迟缓的植食性恐龙，出现于侏罗纪早期，繁盛于侏罗纪晚期，到白垩纪早期就灭绝了，在地球上生存了一亿多年。剑龙是剑龙类恐龙中体形最庞大的成员，身长比现在成年的非洲象还长。和身长相比，剑龙的头部小得出奇，是现在已知的恐龙中头部相对比例最小的。所以，古生物学家们推测，剑龙应该是一种不太聪明的恐龙。

自由自在觅食的剑龙

剑龙的臀部明显高于身体的其他部位

剑龙的外形

剑龙身躯庞大，以四肢行走，行走时小头保持着低垂的状态。剑龙在外形上最明显的特征是从颈部沿背脊直至尾巴中部排列着两排三角形的骨板，尾巴的末端还长有骨钉，这些骨钉有1.2米长。剑龙的前肢比后肢短，所以前肢明显前倾，臀部的位置非常高而肩部却比较低平。剑龙的前肢有五个指，后肢只有三个趾，前肢和后肢的部分指（趾）头上长着蹄状的指（趾）甲。

剑龙的头部

剑龙的头部呈狭长的形状，看起来很小，而且很扁。头部前端长着一个像鸟嘴一样的尖喙，喙部有角质层覆盖着，和现生鸟类的嘴相似。其喙的前部没有牙齿，但喙的两侧有些小牙。这些颊齿的牙冠前后有锯齿边缘，这种结构能够帮助剑龙对吃进的食物进行充分的咀嚼。古生物学家对剑龙的头部进行研究后发现，剑龙的大脑只有一个核桃般大小，由此可以推测，剑龙是一种很笨的恐龙。

剑龙的头部很小

前肢有五指

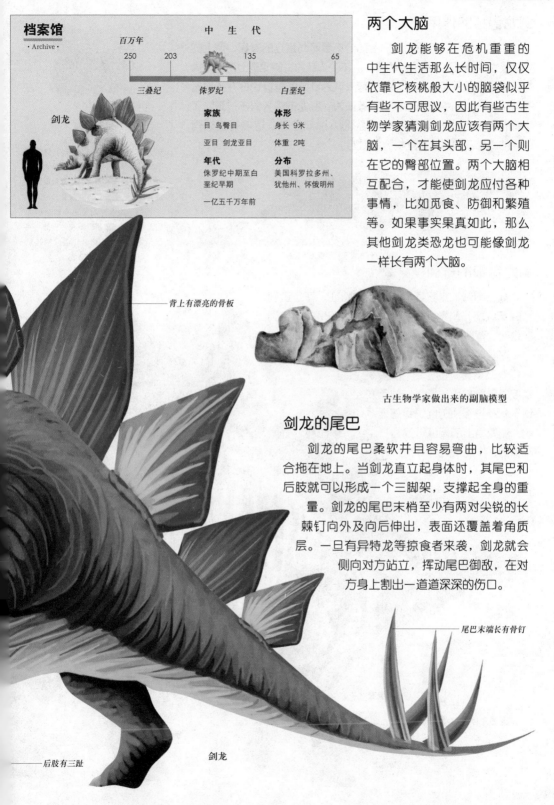

中 生 代

百万年

250   203   135   65

三叠纪   侏罗纪   白垩纪

剑龙

家族
目 鸟臀目
亚目 剑龙亚目

年代
侏罗纪中期至白
垩纪早期

一亿五千万年前

体形
身长 9米
体重 2吨

分布
美国科罗拉多州、
犹他州、怀俄明州

两个大脑

剑龙能够在危机重重的中生代生活那么长时间，仅仅依靠它核桃般大小的脑袋似乎有些不可思议，因此有些古生物学家猜测剑龙应该有两个大脑，一个在其头部，另一个则在它的臀部位置。两个大脑相互配合，才能使剑龙应付各种事情，比如觅食、防御和繁殖等。如果事实果真如此，那么其他剑龙类恐龙也可能像剑龙一样长有两个大脑。

背上有漂亮的骨板

古生物学家做出来的副脑模型

剑龙的尾巴

剑龙的尾巴柔软并且容易弯曲，比较适合拖在地上。当剑龙直立起身体时，其尾巴和后肢就可以形成一个三脚架，支撑起全身的重量。剑龙的尾巴末梢至少有两对尖锐的长棘钉向外及向后伸出，表面还覆盖着角质层。一旦有异特龙等掠食者来袭，剑龙就会侧向对方站立，挥动尾巴御敌，在对方身上割出一道道深深的伤口。

尾巴末端长有骨钉

后肢有三趾

剑龙

剑龙骨板的作用

剑龙的颈部、背部和尾巴上都分布着薄而直立的骨板，背上的骨板最大，颈部和尾部的骨板最小。不少人认为，剑龙背上两排大大的骨板是用来调节体温的，但也有人认为剑龙的骨板也许并不具备这种功效，比如美国的化石研究者认为，剑龙的骨板只不过是为了防御而演化出来的，这是它的自卫武器。除此之外，这些骨板还可以帮助剑龙在种群内部互相识别对方。

剑龙的骨板化石

调节体温

剑龙的骨板可能有助于剑龙调节体温。早上，剑龙会侧向着太阳站立，当血液流过因日光的照射而变热的骨板时，剑龙的体温就会升高。到了正午，如果剑龙背对着炽热的太阳，那么阳光就不会照在骨板的平面上，骨板发散的热量比吸收的热量多，剑龙的体温就会降低。

从剑龙的俯视图上，可以清楚地看出剑龙骨板的排列方式和它尾巴上的长钉

剑龙骨板的排列

剑龙的骨板是它身上最重要的特征，可是直到1992年以前，科学家仍然无法确定它们是如何排列在颈部、背部与尾巴上的。有些科学家认为，这些骨板是成对排列的，也有人认为它们是交错排列的，还有人认为它们是彼此重叠排成一排。1992年发现于科罗拉多州的剑龙骨架证明，剑龙身上的骨板是互相交错的，排成两列。

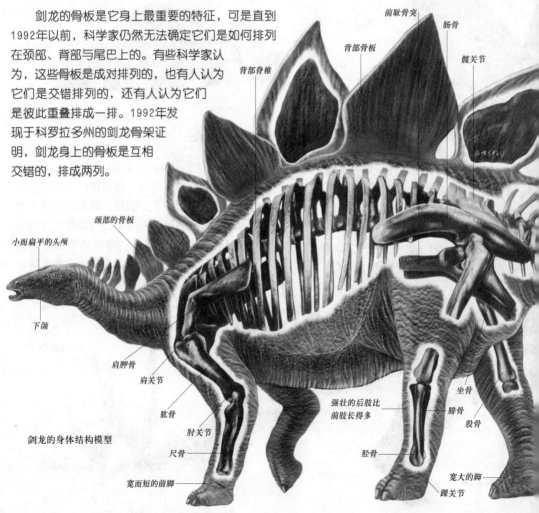

前耻骨突
肠骨
背部骨板
髋关节
背部脊椎
颈部的骨板
小而扁平的头颅
下颌
肩胛骨
肩关节
坐骨
肱骨
强壮的后肢比前肢长得多
腓骨
股骨
肘关节
尺骨
胫骨
剑龙的身体结构模型
宽而短的前脚
宽大的脚
踝关节

剑龙可能是一种比较
挑食的恐龙

剑龙的生活形态

剑龙是一种身躯庞大的用四肢行走的植食性恐龙。有化石证据显示，剑龙生活在平原上，以群体"游牧"的方式和其他植食性恐龙一同生活。雄性剑龙在竞争时可能会互相炫耀它们背后的骨板。

当然在遭受捕食者攻击时，这两排骨板是剑龙最好的防御武器。到时，它会把身体转到某个适当的位置，使足以保护它整个身体的两排骨板指向进攻者。

剑龙觅食

最初有一种说法认为，剑龙可能只吃柔软的植物，因为它的牙齿不够锋利。但有的古生物学家指出，剑龙狭窄的喙部使它不必像鸭嘴龙那样对植物采取"来者不拒"的态度，它完全可以用窄喙慢慢挑选自己喜爱的食物，比如蕨类的果实和苏铁的花等。剑龙还可以把身体直立起来，去采食高处的植物。

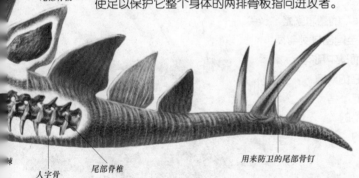

尾部骨板

人字骨　　尾部脊椎

用来防卫的尾部骨钉

生活在英国和法国大陆上的勒苏维斯龙也是剑龙的一种，它们的身长约为5米，身上的骨板也是成对出现

剑龙的防御

反应迟钝的剑龙很容易成为暴龙等肉食性恐龙的猎食目标，不过剑龙也有自己的防御方式。当饥饿的肉食性恐龙来袭击剑龙或剑龙的幼仔时，剑龙会把身体转到一个适当的位置，让两排骨板指向进攻者，以此来吓退敌人。如果这一招还不奏效，剑龙就会挥动尾巴，用尾刺鞭打敌人。

钉状龙

钉状龙的骨板和骨刺

钉状龙生活于侏罗纪时期的东非坦桑尼亚一带，是剑龙类恐龙中的小个子，其大小与现在一头体形较大的犀牛相仿。与剑龙相比，钉状龙的身长只有剑龙的一半，而身上的骨板却要狭窄且尖长得多，就像尖刺一样。这些骨刺是钉状龙的防身武器。钉状龙还有一些体形巨大的邻居（如腕龙），它们共同生活在侏罗纪时期今东非坦桑尼亚一带。

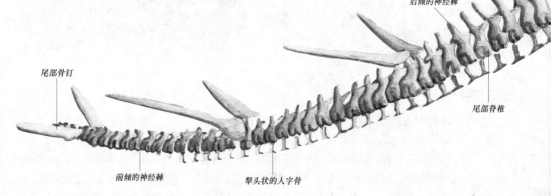

后倾的神经棘

尾部骨钉

尾部脊椎

前倾的神经棘

犁头状的人字骨

钉状龙的外形

钉状龙的学名"Kentrosaurus"的意思就是"长尖刺的蜥蜴"，这是因为其从背部直至尾部排列着两排骨刺。钉状龙前部的骨刺较宽，而从中部向后，骨刺逐渐变窄、变尖。此外，它的双肩两侧还长着一对利刺，就像现在的豪猪一样。这些骨刺与利刺都是钉状龙的防身武器。不过，与之完全相反的是，钉状龙颈部上方的骨板则细小如树叶状。钉状龙外形的其他方面与剑龙十分相似。

钉状龙的脑

曾有古生物学家认为钉状龙有两个脑，一个位于头部，另一个位于臀部，头部的脑是"主脑"，臀部的脑是"副脑"。不过，后来的研究证实，所谓的"副脑"只是钉状龙后肢和尾巴之间的神经中转站，并不承担脑的功能。

侧面站立时，钉状龙身上的骨刺很显眼

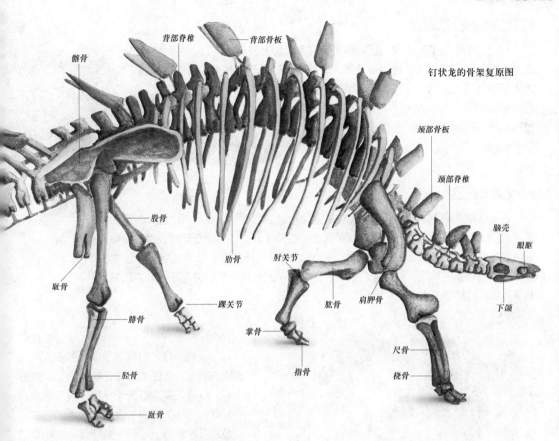

钉状龙的骨架复原图

髂骨
背部脊椎
背部骨板
颈部骨板
颈部脊椎
脑壳
眼眶
股骨
下颌
肋骨
肘关节
肱骨
肩胛骨
耻骨
踝关节
掌骨
尺骨
腓骨
指骨
桡骨
胫骨
趾骨

钉状龙的尾骨

大多数剑龙类恐龙的尾部神经棘（狭长的尾骨脊椎骨节顶端）向后倾斜，而钉状龙则有些不同，它第十八节以后的尾骨神经棘倾向前方，所以这也可以当作它的独有特征，以此作为确定化石"身份"的证据。另外，钉状龙的尾部还长有具有保护作用的人字骨，其外形有点像犁头，估计这可以在钉状龙的尾巴拖到地上时起到保护其尾部的作用。

钉状龙的发现

最早的钉状龙化石是20世纪初由德国的化石考察探险家詹尼西和他的助手在坦桑尼亚发现的。他们当时挖掘的骨骼中包括了数百具钉状龙骨架化石，单是股骨就有70根以上。他们后来将多达数千箱的恐龙化石运回德国并进行研究，不过有不少化石在二战中被毁。

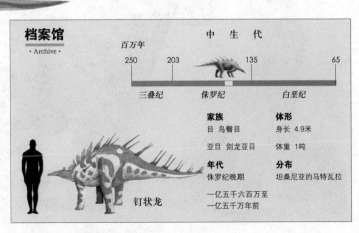

档案馆
· Archive ·

中 生 代

百万年

250   203   135   65

三叠纪   侏罗纪   白垩纪

家族
目 鸟臀目
亚目 剑龙亚目

体形
身长 4.9米
体重 1吨

年代
侏罗纪晚期

一亿五千六百万至
一亿五千万年前

分布
坦桑尼亚的马特瓦拉

钉状龙

钉状龙的生活环境

钉状龙的化石是科学家们在一条史前河流遗址上发现的。这一片地域的气候在钉状龙生活的侏罗纪晚期时很温暖，而且雨季和旱季交替着，所以不会因为太干旱而缺乏食物。并且即使在旱季，当浅根植物因干旱而枯死的时候，钉状龙也能在河岸附近找到长在湿润的土壤中的植物。

尾部骨钉

尾部骨板

后肢

钉状龙的生活形态

钉状龙依靠短粗的四肢支撑着沉重的身躯行走。它喜欢啃食地面上低矮的蕨类或灌木植物，但也会直立起身子，以长而健壮的后肢着地，并用尾巴辅助支撑住身躯，去吃高处的多叶小枝。但是一般来说，钉状龙不会与那些体形比它大得多的恐龙争食。关于钉状龙的繁殖，科学家们至今还没有太多的资料，所以现在还不能断定钉状龙是否会抚育幼仔。

钉状龙的自卫

一般来说，钉状龙最主要的敌人是大型的肉食性兽脚类恐龙，如异特龙和角鼻龙，但是如果这些恐龙不是出其不意地袭击钉状龙的话，也不会占到太大的便宜。因为钉状龙身上的骨刺是它最好的防身武器，能够让这些敌人有所畏惧。如果有掠食者从身后接近，它会用尖锐的尾刺朝向对方；若攻击来自身体两侧，它会摆动多刺的尾巴来抵挡。

钉状龙也能直立起身子去吃高处的枝叶

背部骨板

小头

乌尔禾龙

前肢

钉状龙的亲戚——乌尔禾龙

乌尔禾龙也是剑龙的一种，生活在白垩纪早期的亚洲，其化石是在中国新疆地区发现的，所以可以说是钉状龙的中国亲戚。这种剑龙类恐龙身长约为6米，体重接近3吨，以蕨类植物为食，以四肢行走。因为发现的乌尔禾龙化石很少，因此人们对它的认识在一定程度上还是猜测的结果。

钉状龙的亲戚——脊双剑龙

脊双剑龙是最早的剑龙类恐龙之一，大约生活于侏罗纪中期，比钉状龙还要早。脊双剑龙的体形较小，身长约为4.5米，体重约为1吨，后背溜尖，尾板长约45厘米。脊双剑龙的遗骸在英国、法国、葡萄牙等地均有发现，在这些化石中还有一块恐龙蛋化石，这为古生物学家们提供了研究恐龙繁衍生息的证据。

大地龙

最原始的剑龙

我们一般说华阳龙是最早的剑龙，但实际上，已经有一些化石表明在侏罗纪早期剑龙类就已经出现了。科学家们在中国禄丰县大地村侏罗纪早期地层中发现了一块不太完整的恐龙左下颌化石，将这种恐龙命名为大地龙。从大地龙的牙齿和前齿骨的特征推测，它是迄今所知的最原始的剑龙。

此图为剑龙家族的不同成员，我们可以看出各种恐龙的骨板是不一样的

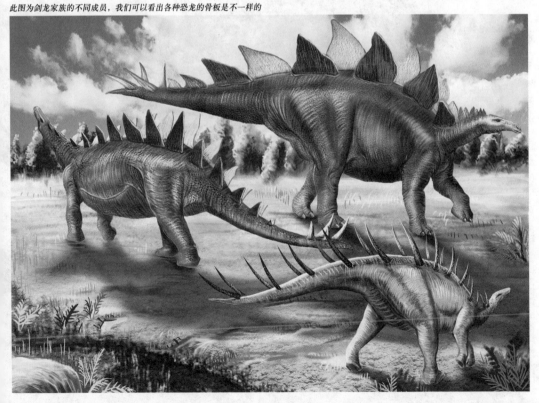

沱江龙

1974年，人们在中国四川省自贡市五家坝发掘到了亚洲第一具完整的剑龙类骨骼化石，古生物学家将其命名为沱江龙。沱江龙是早期的剑龙之一，也是中国最负盛名的恐龙之一。它以植物为食，一般性情温和，但是在遇到敌人时，它也会用尾巴上的骨钉给敌人以狠狠的回击。

沱江龙的外形

像所有剑龙类恐龙一样，沱江龙具有一个小而扁的头，嘴的前半部分没有牙齿，但后半部分有一些小型的呈棱形的颊齿，颊齿上有脊状突起。沱江龙至少长着15对骨板，颈部的圆形骨板到了背部就变为长三角形状了，这些骨板比剑龙的骨板要尖利，足以抵御来犯之敌。

背部骨板

肩胛骨

颈部脊椎

肱骨

眼眶

头部

下颌

爪

尺骨

沱江龙

恐龙尾巴的比较

包头龙的尾巴

沱江龙的尾巴

梁龙的尾巴

沱江龙的尾部

沱江龙与其他剑龙类恐龙一样，尾巴末端都长有向外突起的四根细长的圆锥形骨钉。沱江龙体形较大，行动缓慢，且不太聪明，当遇到攻击时，它可能只能站在原地用长着尖刺的尾巴去击打敌人。这种尾巴可能是植食性恐龙在进化过程中所出现的一种特别的"装备"。

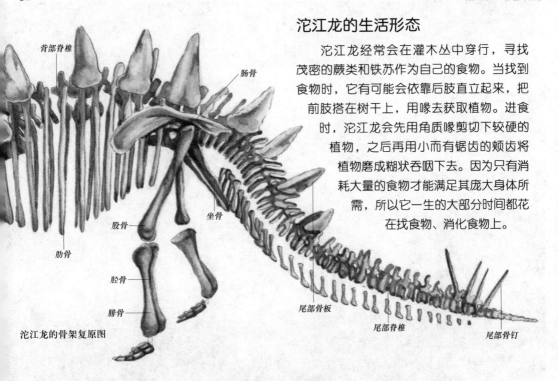

背部脊椎

肠骨

股骨

坐骨

肋骨

胫骨

腓骨

沱江龙的骨架复原图

尾部骨板

尾部脊椎

尾部骨钉

沱江龙的生活形态

沱江龙经常会在灌木丛中穿行，寻找茂密的蕨类和铁苏作为自己的食物。当找到食物时，它有可能会依靠后肢直立起来，把前肢搭在树干上，用喙去获取植物。进食时，沱江龙会先用角质喙剪切下较硬的植物，之后再用小而有锯齿的颊齿将植物磨成糊状吞咽下去。因为只有消耗大量的食物才能满足其庞大身体所需，所以它一生的大部分时间都花在找食物、消化食物上。

沱江龙化石的发现

1974年，重庆市博物馆工作人员在中国四川省自贡市五家坝进行了三个月系统的挖掘工作，清理出了重达10吨的骨骼化石。经古生物学家董枝明教授研究，这些化石被复原出了四具恐龙骨架，其中有一具就是沱江龙的骨架。这具骨架是亚洲有史以来所发掘到的第一具完整的剑龙科恐龙骨架。

沱江龙的邻居——峨眉龙

古生物学家在发现第一具沱江龙骨架化石时还发现了两具同时期的峨眉龙的骨架化石。峨眉龙是一种中型长颈的蜥脚类恐龙，体长12～14米，高5～7米。它的颈部比较长，这是因为它拥有很长的颈椎，其最长的颈椎骨是最长的脊椎骨的3倍长；牙齿粗大，牙齿的前缘有锯齿，以植物为食。峨眉龙主要生活在内陆湖泊的边缘，喜欢群居。目前，人们发现的峨眉龙有四个不同的种，分别为：荣县峨眉龙、釜溪峨眉龙、天府峨眉龙与罗泉峨眉龙。

峨眉龙

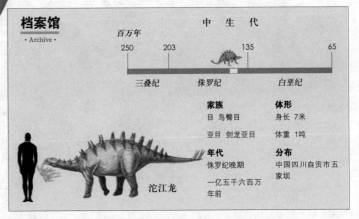

档案馆
· Archive ·

中　生　代

百万年

250　　　203　　　　135　　　65

三叠纪　　　侏罗纪　　　白垩纪

家族
目　鸟臀目
亚目　剑龙亚目

体形
身长　7米
体重　1吨

年代
侏罗纪晚期
一亿五千六百万年前

分布
中国四川自贡市五家坝

沱江龙

第七章

角龙类恐龙 Diqizhang

　　角龙类恐龙是鸟臀目恐龙中最后出现的一类，但在短时期内演化出了众多类型，是进化非常成功的动物。现在一般认为鹦鹉龙是最早期的角龙类成员，它们大约在一亿年以前最早出现在白垩纪早期的亚洲大陆上。亚洲是角龙的起源之地，但化石记录显示出在距今七千五百万年以前，角龙已经从亚洲迁移到了北美洲西部。在那里，角龙类获得了很大的发展。角龙类是把防御的"盾"和进攻的"矛"和谐地结合在一起的动物。这类恐龙最大的特点是除了原始的种类外，头上都有数目不等的角，此外，还有从头骨后端向后长出的一个宽大的骨质颈盾，覆盖了颈部，有的甚至达到肩部。

鹦鹉龙

鹦鹉龙生活于白垩纪早期的东亚，最早的鹦鹉龙化石是在蒙古南部戈壁沙漠中发现的，这种恐龙在中国的分布也比较广泛。鹦鹉龙体形较小，以两肢行走，和原角龙、三角龙等角龙类恐龙一样，这种恐龙也有一个类似鹦鹉的带钩的鸟喙。古生物学家根据鹦鹉龙的体形及生存年代来推断，认为鹦鹉龙可能是大部分角龙类恐龙的祖先。

鹦鹉龙的外形

鹦鹉龙体形较小。从已经出土的鹦鹉龙化石推断，成年鹦鹉龙的身长约为100至200厘米，颈部较短，而整个身体较为肥厚，头部呈方形，并长着一张像鹦鹉一样的嘴。头部呈方形的原因是它头盖骨的背后四周有用来固定颌肌的结构，使其喙部能用力地咬噬。鹦鹉龙的掌上有四指，第四指非常短小，前肢的结构极适于握持树枝。

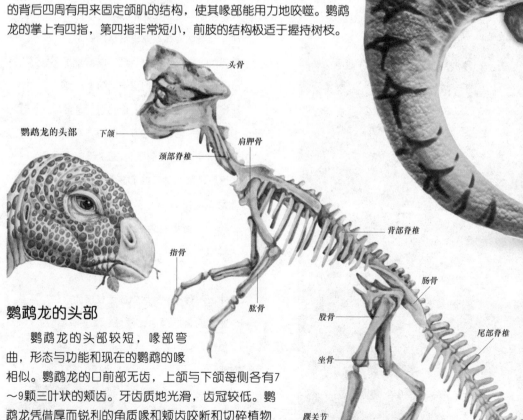

鹦鹉龙的头部

鹦鹉龙的头部较短，喙部弯曲，形态与功能和现在的鹦鹉的喙相似。鹦鹉龙的口前部无齿，上颌与下颌每侧各有7～9颗三叶状的颊齿。牙齿质地光滑，齿冠较低。鹦鹉龙凭借厚而锐利的角质喙和颊齿咬断和切碎植物的叶梗甚至坚果。它的颧骨向两侧突出，鼻孔较小，前额位于鼻骨之下。在鹦鹉龙眼睛的上方有块突起的骨头，即眼睑骨，目前古生物学家们对这块眼睑骨的功能还没有定论。

鹦鹉龙的头部
头骨
下颌
肩胛骨
颈部脊椎
背部脊椎
指骨
肱骨
肠骨
股骨
尾部脊椎
坐骨
踝关节
趾骨
距骨

鹦鹉龙的骨架复原图

鹦鹉龙的生活形态

鹦鹉龙生活在低洼的湖泊或河岸地区，以柔嫩多汁的植物为主食。它们用坚固而锐利的角质喙切断植物的根部，再用牙齿把植物嚼碎。另外，它们还会吞下一些石块当作胃石，这些石块会在与鸟类嗉囊相似的身体结构里把食物磨碎。古生物学家们认为，在鹦鹉龙的体内，肠子的后面部分可能还存在细菌与酶，它们能在特殊的发酵室里起帮助消化的作用。

鹦鹉龙

档案馆
· Archive ·

中　生　代

百万年

250　　　203　　　　　135　　　　　65

三叠纪　　侏罗纪　　　　白亚纪

家族	体形
目　鸟臀目	身长　2米
亚目　角龙亚目	体重　不详

年代	分布
白亚纪早期	蒙古的中戈壁、前杭爱省，中国的内蒙古自治区、辽宁、山东、新疆维吾尔自治区，泰国的查雅范
一亿一千三百万年前	

鹦鹉龙

鹦鹉龙的自我防御

鹦鹉龙是植食性的恐龙，并且不像后来的角龙类那样具有尖角和骨质的颈盾，所以经常会受到肉食性恐龙的袭击。古生物学家们推测，当鹦鹉龙碰上肉食性恐龙的袭击时，它们一般会选择高速奔跑。因为这种恐龙的后肢极细，并且延伸加长，所以能够跑得很快。

鹦鹉龙的化石

1922年美国自然博物馆的第三次亚洲探险中，探险家们在蒙古南部的戈壁沙漠发现了第一具鹦鹉龙的化石。1923年，古生物学家欧斯本根据其鹦鹉般的嘴喙，将之命名为鹦鹉龙。不少鹦鹉龙化石发现于沙漠地区，这表明鹦鹉龙可能已经适应了干旱环境。其中有一些鹦鹉龙化石的腿部盘起缩在身体下方，似乎是以匍匐姿态保存下来。

中国辽宁西部发现的鹦鹉龙化石

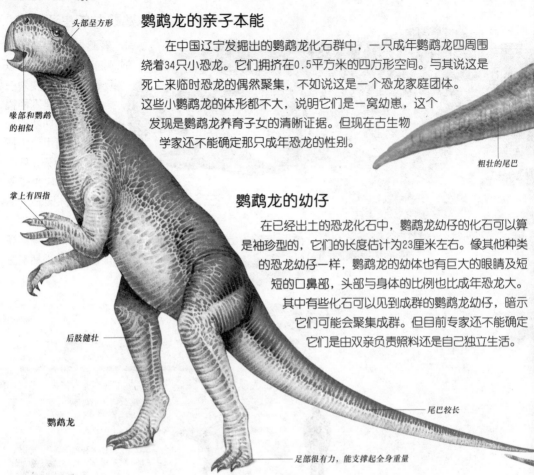

鹦鹉龙的亲子本能

在中国辽宁发掘出的鹦鹉龙化石群中，一只成年鹦鹉龙四周围绕着34只小恐龙。它们拥挤在0.5平方米的四方形空间。与其说这是死亡来临时恐龙的偶然聚集，不如说这是一个恐龙家庭团体。这些小鹦鹉龙的体形都不大，说明它们是一窝幼崽，这个发现是鹦鹉龙养育子女的清晰证据。但现在古生物学家还不能确定那只成年恐龙的性别。

鹦鹉龙的幼仔

在已经出土的恐龙化石中，鹦鹉龙幼仔的化石可以算是袖珍型的，它们的长度估计为23厘米左右。像其他种类的恐龙幼仔一样，鹦鹉龙的幼体也有巨大的眼睛及短短的口鼻部，头部与身体的比例也比成年恐龙大。其中有些化石可以见到成群的鹦鹉龙幼仔，暗示它们可能会聚集成群。但目前专家还不能确定它们是由双亲负责照料还是自己独立生活。

头部呈方形

喙部和鹦鹉的相似

掌上有四指

后肢健壮

鹦鹉龙

粗壮的尾巴

尾巴较长

足部很有力，能支撑起全身重量

鹦鹉龙类

鹦鹉龙类属于鸟脚类角龙科，共有11种。不同种类的鹦鹉龙身体各部位比例、牙齿特征和颅骨形状也各不相同。鹦鹉龙类前肢上都有四根指头，后期的所有角龙类恐龙则有五根指头。这项特征暗示鹦鹉龙也许并不是较后期角龙类恐龙的祖先。鹦鹉龙类约存活了4000万年，是恐龙类中存活时间最久的一属。

小角龙

角龙科的侏儒——小角龙

生活于白垩纪晚期的小角龙只有80厘米长，可以说是角龙科的侏儒。这种小恐龙体格轻巧，后肢健壮，奔跑时速度很快。从现在已经发现的化石推断，小角龙在吃草时四肢着地，对潜在的危险十分警觉，一旦发现肉食性恐龙就会立即逃跑。这种恐龙的头骨背后有隆起的梁，这也是角龙类恐龙的典型特征。

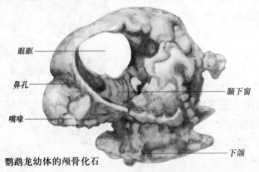

眼眶

鼻孔

嘴喙

颞下窗

下颌

鹦鹉龙幼体的颅骨化石

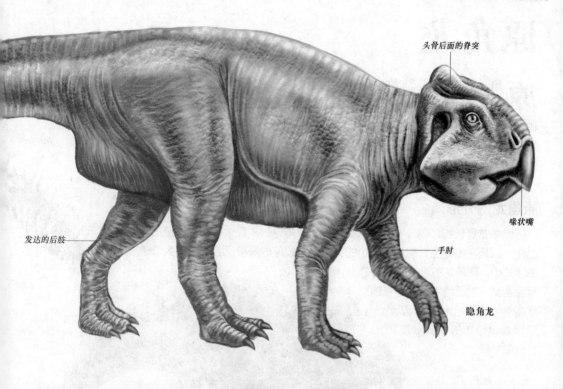

头骨后面的脊突

喙状嘴

发达的后肢

手肘

隐角龙

鹦鹉龙侧面

鹦鹉龙的亲戚——隐角龙

隐角龙是一种生活在白垩纪晚期的角龙科恐龙，其化石发现于北美洲、亚洲的蒙古、大洋洲的澳大利亚等。隐角龙和鹦鹉龙一样长有一张喙状嘴，不过上颌有牙齿，头骨后部的脊突更明显。隐角龙的身长约为2.7米，后肢发达，善于奔跑，这对于没有其他防御方式的植食性恐龙来说是必不可少的。隐角龙在吃东西时可能以四肢站立，但需要奔跑时只用两条后肢就可以了。

角龙中的尖角龙

鹦鹉龙与其他角龙的关系

从分类上来说，鹦鹉龙与后来的角龙科恐龙的亲缘关系较近，但其构造明显要比那些物种原始，而且出现在地球上的历史也要久远一些，因此古生物学家认为鹦鹉龙是有角恐龙的祖先。但鹦鹉龙并未进化出角龙独特的尖状角刺及骨质颈盾以用于防卫，它在受到袭击时只会快跑。而其他角龙则进化成更适应环境的物种，生存到了白垩纪末期。

原角龙

原角龙是角龙类恐龙中较原始的种类，生活于白垩纪晚期的亚洲。目前，只有几种恐龙的化石有数十件之多，而原角龙就是其中的一种。原角龙的巢、恐龙蛋以及大小骨骼化石向我们清楚地展示了恐龙社会里的家庭生活。由于原角龙与在北美洲发现的角龙有许多共同的特征，所以古生物学家认为北美洲的角龙类恐龙是由原角龙进化而来的。

尾部脊椎

坐骨

人字骨

原角龙的外形

原角龙身长约1.8米，体重为180千克。原角龙的头很大，头上还没进化出角，只是在鼻骨上长有一个小小的突起。它颈部的骨板已经变得很大，形成了颈盾。原角龙的喙部与鹦鹉龙的喙部相似，但要稍大一些。它的颌骨强壮，上面长着牙齿，可以嚼食植物的枝叶以及多汁的茎根。

原角龙

原角龙的骨骼

从原角龙的化石骨架我们可以清晰地看出，原角龙的颊骨向外伸展，喙骨隆起，还具有弯曲的荐骨，因而尾巴弯曲向下，这是角龙类恐龙的显著特征。另外，原角龙的上颌前端具有前颌齿，并且胫骨和腓骨比股骨长。原角龙还没有发展出后来出现的角龙类恐龙那样的形形色色的大角，但是在它吻部的上边缘已经有一个小小的叫作鼻角的骨质脊状物。一些科学家认为，这种脊状物只有雄性个体才有。

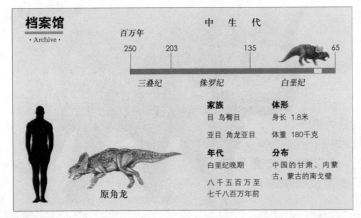

档案馆
· Archive ·

中 生 代

百万年

250　　　203　　　　135　　　65

三叠纪　　　侏罗纪　　　白垩纪

家族	**体形**
目 鸟臀目	身长 1.8米
亚目 角龙亚目	体重 180千克
年代	**分布**
白垩纪晚期	中国的甘肃、内蒙古，蒙古的南戈壁
八千五百万至七千八百万年前	

原角龙

186

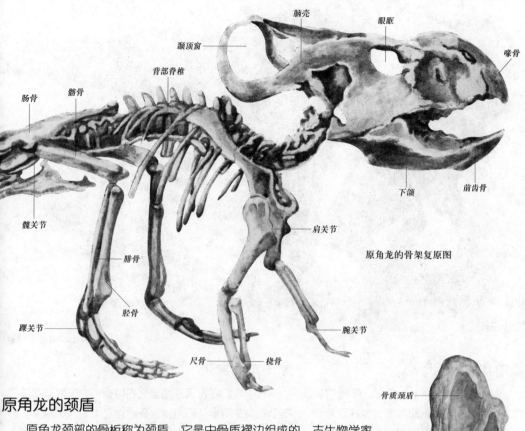

脑壳

颞顶窗

眼眶

喙骨

背部脊椎

肠骨

髂骨

下颌

前齿骨

髋关节

肩关节

原角龙的骨架复原图

腓骨

胫骨

腕关节

踝关节

尺骨　桡骨

原角龙的颈盾

　　原角龙颈部的骨板称为颈盾，它是由骨质褶边组成的。古生物学家通过对原角龙颈盾的解剖发现，这种骨质褶边主要可以使从头骨后部到下颌的强大肌肉组织附着其上，这组肌肉叫作颞肌，能带动下颌完成咬噬和咀嚼动作。因此，原角龙和其他角龙类恐龙都具有比其他植食性恐龙强得多的咀嚼能力。另外，原角龙还有可作为支撑其头部运动的颈部肌肉（这部分肌肉位于颈盾之后）的附着点，可保护原角龙的颈部免受肉食性恐龙的攻击。

骨质颈盾

喙骨

颞下窗

鼻孔

前齿骨

下颌

原角龙的骨质颈盾

原角龙

原角龙的四肢

　　原角龙的四肢修长，并且其前肢的骨骼几乎与后肢的骨骼一样长，这能够使原角龙支撑起厚重的头部，并且也有利于原角龙快速奔跑。作为植食性恐龙，这种身体构造是非常重要的，关键时刻原角龙能够利用修长的四肢逃之夭夭。现在已经发现的原角龙化石证明，原角龙的前肢上有三根较长的末端长有钝爪的指骨，第四与第五根指骨则短得多。后肢的下端是长脚，脚上有四根末端长着逐渐变细的钝爪的趾骨。

原角龙习惯过群居生活

原角龙的生活形态

原角龙生活于气候干燥、环境恶劣的沙丘地区，只有耐旱的植物能在这种严苛的环境下生存繁衍。为此，原角龙进化出了大而有力的颌部和尖锐的喙部，以便切割这些植物坚韧的叶子。原角龙也许会成群地生活在一起，雄性原角龙之间会进行撞头争斗，胜利者成为群体的头领。

原角龙的繁殖

科学家们在发现原角龙化石骨架的地区附近发现了不少原角龙的巢，有些巢垒在旧巢之上。关于原角龙的繁殖的研究就是以此为基础的。古生物学家们猜测，在交配季节雄性原角龙会展示它们的颈盾与鼻部的隆起，以赢得雌性原角龙的青睐。交配后，雌性原角龙就在沙地上挖一个坑，产出一窝排成同心圆圈形状的蛋，然后用沙土盖着蛋，借助太阳的热量孵化。

原角龙头骨的发育过程

原角龙的发育

古生物学家根据已经发现的化石发现，雄性原角龙与雌性原角龙在成长过程中会发生很大的变化，主要表现在颈盾和口鼻部。幼年时期，雄性与雌性原角龙的颈盾和口鼻部长得基本相同，看不出什么差别。成年后，雄性的口鼻部比较厚实，颈盾比较宽，颊骨比较大，还拥有比较大型的颊骨；而雌性的颈盾相对比较窄，口鼻部较小。

原角龙的蛋化石

1923年，人们在中国内蒙古发现了原角龙蛋化石，这是人类挖到的首批恐龙蛋化石。原角龙蛋的形状和蜥蜴蛋相似，呈长椭圆形。蛋壳是钙质的，表面粗糙，有细小而曲折的条状饰纹。

原角龙蛋

188

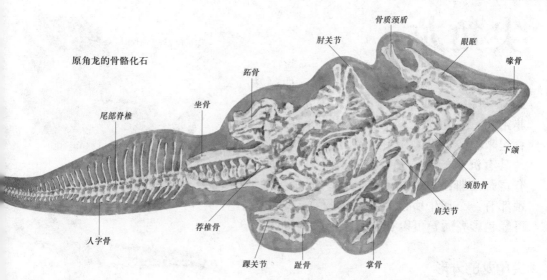

原角龙的骨骼化石

骨质颈盾
肘关节
眼眶
喙骨
距骨
下颌
尾部脊椎
坐骨
颈肋骨
人字骨
肩关节
荐椎骨
踝关节 趾骨 掌骨

原角龙的化石

1923年夏天，美国自然历史博物馆组织的考察团于蒙古火焰崖附近挖出大量原角龙化石。这批化石包括幼龙和成年的恐龙，而最令人兴奋和惊讶的是其中还有原角龙的蛋化石。近年来，人们先后在内蒙古地区发现了几十个大小不等的原角龙头骨化石和200多个骨架化石，包括了原角龙从幼年到老年不同发育阶段的个体。

原角龙的亲戚——蒙大拿角龙

蒙大拿角龙产自加拿大蒙大拿州，其拉丁文名"Montanoceratops"意为"蒙大拿的角龙"，其外形与蒙古的原角龙很相像。这种恐龙的身长约为3米，体重接近1吨，以蕨类植物为食，生存于距今8000万年前的白垩纪晚期。蒙大拿角龙和原角龙有很近的亲缘关系，但不是高级的角龙科成员。

蒙大拿角龙

尖角龙

尖角龙的身长与一头大象相似，而高矮则和一个成年人差不多。尖角龙的身体非常粗壮，再加上鼻骨上方的一个尖角，使它看起来就像一只大犀牛。并且像犀牛一样，尖角龙具有沉重的头、强壮的身体、柱状的四肢、有宽蹄的脚趾以及短小的尾巴。只是尖角龙的颈部有一个犀牛所没有的骨质颈盾，这个颈盾有可能色彩亮丽，可以在繁殖季节吸引异性。

尖角龙的头部侧视图

神经棘

人字骨

尾部侧面肌肉组织

尖角龙的外形

尖角龙的头比较厚重，头上只有一只角，颈盾较大，在颈盾周围有骨质的棘刺，颈盾的上方还长着两个往下弯曲的骨质长钩。在它的头部还长有两根小眉角，位置在眼睛的上方。尖角龙的颈部和肩部很强壮，可以承受巨大头部的重量。它习惯以四肢行走，其四肢就像四根大柱子。尖角龙的尾部构造使它的尾巴斜向下方，而不是与地面保持水平状态。

尖角龙与现在的犀牛长得很像

尖角龙

尖角龙的颈部

尖角龙的头和颈盾与身体比起来显得巨大笨重，它的骨骼要承受非常大的压力，即使只是轻轻晃动一下，对尖角龙来说也不是一件很容易的事。因此，尖角龙必须具有很强壮的颈部和肩部。古生物学家发现，尖角龙的颈椎都紧锁在一起，有着极强的抗压性。不过，从尖角龙的颈盾骨骼来看，它的颈盾是有开口的，这减轻了颈盾的重量，也减少了颈部和肩部的压力。

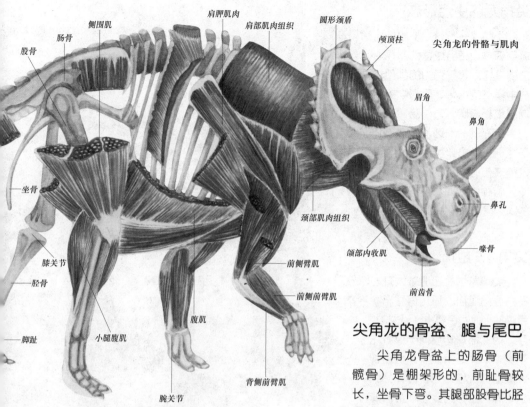

尖角龙的骨骼与肌肉

股骨
肠骨
侧围肌
肩胛肌肉
肩部肌肉组织
圆形颈盾
颅顶柱
眉角
鼻角
坐骨
鼻孔
膝关节
颈部肌肉组织
喙骨
胫骨
颌部内收肌
前齿骨
脚趾
小腿腹肌
前侧臀肌
腹肌
前侧前臂肌
腕关节
背侧前臂肌

尖角龙的骨架与肌肉

尖角龙的骨骼与韧带比较强健，固定了一片片及一束束的肌肉。其颌部内收肌很有力，加上附着在颈盾上的大块肌肉，可以让巨大的颌部自如地闭合，将满嘴的坚韧树枝剪碎。尖角龙的胸廓非常强壮，支撑着与前肢相接处的骨骼，并有大块肌肉附着其上。

尖角龙的骨盆、腿与尾巴

尖角龙骨盆上的肠骨（前髋骨）是棚架形的，前耻骨较长，坐骨下弯。其腿部股骨比胫骨长，脚部有四个带长蹄的趾。尾巴不挺直，因为其荐骨是拱形的，使尾巴的基部斜向下方。专家们对尖角龙及所有的角龙类恐龙前肢的形态持不同的观点，有种观点认为其前肢为直立的，另一种观点认为其前肢向外屈张，肘部突向外侧，就和蜥蜴的一样。

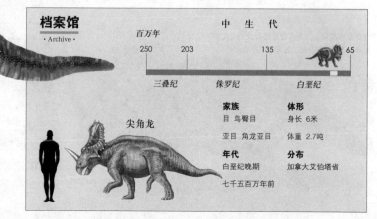

档案馆
· Archive ·

	中 生 代		
百万年			
250	203	135	65
三叠纪	侏罗纪	白垩纪	

尖角龙

家族
目 鸟臀目
亚目 角龙亚目

年代
白垩纪晚期
七千五百万年前

体形
身长 6米
体重 2.7吨

分布
加拿大艾伯塔省

尖角龙的生活形态

尖角龙一般过着群居的生活，在河流与森林边三五成群地游荡着，寻找可口的食物。它强有力的颌部能够嚼食森林中坚韧的植物，而胃中的胃石能把食物磨成糨糊状以方便肠胃吸收。与尖角龙生活在同一地区的还有恐怖的肉食性恐龙——暴龙。当尖角龙遇到暴龙类恐龙的袭击时，它的颈盾能保护自己最薄弱的颈部，而头上的尖角是它最好的防御武器，可以插入袭击者体内。

尖角龙的栖息地

尖角龙生活在加拿大艾伯塔省。在白垩纪晚期，那儿有河流、沼泽和森林，很适合植食性恐龙的生存，因此那块栖息地不仅养活了尖角龙，还养活了其他各种大型的植食性恐龙，而体形大小不同的各种肉食性恐龙也生活于其中。当然除恐龙外，各种小型哺乳类、鸟类、鳄鱼、龟类、蝾螈、青蛙与淡水鱼类也共同生活在这里，这些生物中的一些一直存活到现在。

白垩纪末期的开花植物是尖角龙的美食

当夏天来临时，尖角龙会迁徙到食物充足的北方，即使洪水泛滥，它们也会涉水而过

尖角龙的迁徙

在夏天，数以千计的尖角龙可能会选择迁徙到气候温和、植物生长迅速的北方，即使洪水泛滥、道路被阻断也无法阻止它们。尖角龙迁徙速度很快，一天所走的距离可达110千米。加拿大艾伯塔省的红鹿河谷曾出土过数百具尖角龙化石。这批尖角龙可能是在迁徙过程中集体渡河时遇上洪水，发生拥挤造成混乱而死亡的。

尖角龙的亲戚——独角龙

独角龙是常见的具角饰的恐龙，与尖角龙有很近的亲缘关系，其拉丁文名为"Monoclonius"，意思为"独枝"，顾名思义，就是头上只有一只角的恐龙。它们生活在白垩纪晚期的北美洲大陆上，其化石发现于加拿大艾伯塔省与美国蒙大拿州。独角龙的体长为5～6米。有些独角龙的鼻角会垂直向上生长，其他个体的鼻角不是向后弯曲，就是向前弯曲悬于口鼻部尖端上方。

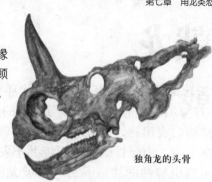

独角龙的头骨

尖角龙的邻居——加斯莫龙

加斯莫龙是角龙类恐龙的成员之一，其中的三种生活在现今加拿大艾伯塔省，一种生活在美国得克萨斯州地区，所以可以说是尖角龙的邻居。加斯莫龙体形中等，其身长约为5米，体重2.5吨，头上长着三只角，活像一只现代的犀牛。加斯莫龙的头饰结构复杂，由多个骨板、角质隆起组成，不过加斯莫龙的头饰是中空的，难以承受强大的冲击力，可能只能用来吓唬掠食者。它的背部也有圆形的突起物，可能有装饰及防御的功能。

看到突如其来的艾伯塔龙，惊慌的尖角龙立即兵分两路：两只雌性恐龙带着一只小恐龙匆忙逃避，一只雄性恐龙则勇敢地留下来，摇动带尖角的头来与敌人对抗。

加斯莫龙的颈盾骨骼

中空的头饰

装甲是角龙有效的生存利器，但过度坚固厚重的装甲也会成为角龙沉重的负担。但幸运的是，加斯莫龙颈盾侧面的边缘地方长有许多小孔，并且头饰中空，这样虽然其防御能力降低了，但机动性增加了，也就增加了它生存的机会。

戟龙

戟龙因其颈部有美丽的盾状环形装饰物颈盾而得名。戟龙的颈盾具有六根长钉与大型的开口，长钉是被称为上枕骨的小结瘤之突出物，强壮威武的雄性戟龙的颈盾上的长钉可能会极为壮观美丽，而雌性的长钉可能并不发达。颈盾既可用来惊吓敌人，也可吸引异性的注意。另外，戟龙的鼻部还长有一根颇具防御和攻击功能的尖角，可能有人的手臂那么长。

颈盾上的长钉看起来很锋利，但实际上在面对敌人时起不到什么作用

戟龙的外形

从外形上看，戟龙与尖角龙相似，只是体形比尖角龙略小些。戟龙长有一个无齿的喙部，这个喙部像鹦鹉嘴一样弯曲，能切割采食那些低冠植物的叶子。戟龙鼻骨上方的角很长，两眼上方略有突起。其颈盾多皱，上部边缘长着六根尖尖的长钉，侧边也长有尖刺，但要短得多。它的脚趾向外撇，这样能够使自己站得更稳当，并容易支撑身体的重量。

尾巴短粗

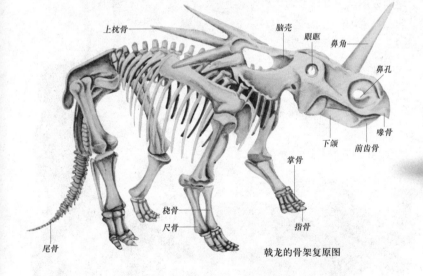

上枕骨　脑壳　眼眶　鼻角　鼻孔　下颌　喙骨　前齿骨　掌骨　桡骨　尺骨　指骨　尾骨

戟龙的骨架复原图

处于战备状态的戟龙

戟龙的骨架

戟龙的头部

戟龙的骨架具有典型的角龙类的特征，它的头颅硕大，喙部较长，肩膀与骨盆的骨骼强健，胸廓宽大，便于肌肉附着其上，四肢的骨骼都比较粗壮，而尾骨较短。一般认为戟龙颈盾上的长钉是角龙类恐龙最独特的特征。俯视戟龙的骨架，我们可以看到，其口鼻部向下，好像要赶走不怀好意的兽脚类，鼻角、颈盾两边的长钉呈现出奇特的"三角"外形，其余部位的骨骼粗大，和犀牛的相似。

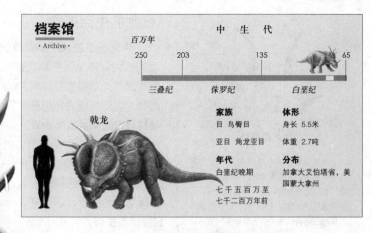

百万年		中 生 代		
250	203		135	65
三叠纪	侏罗纪		白垩纪	

戟龙

家族
目　鸟臀目
亚目　角龙亚目

体形
身长　5.5米
体重　2.7吨

年代
白垩纪晚期

七千五百万至
七千二百万年前

分布
加拿大艾伯塔省，美
国蒙大拿州

戟龙的尖角

戟龙的鼻骨上长着一个像尖角龙的角一样巨大而直立的鼻角，除了这个鼻角外，它的颈盾上还有六根长长的尖刺。这些鼻角和尖刺足以威慑想袭击它的肉食性恐龙，让它们知难而退。不过，如果要进行真正的格斗，这些颈盾上的尖刺的力量是微不足道的，戟龙真正的武器还是它鼻骨上的那个尖角，这个鼻角能给来袭的大型肉食性恐龙以毁灭性的打击：它可以刺透敌人的皮肉，并留下一个深深的圆洞状的伤口。

鼻角是戟龙真正的武器，可以和敌人决一雌雄

鼻孔

像鹦鹉嘴喙一样的喙部

过去，人们认为戟龙的前肢分得很开

戟龙的行走姿势

在过去，人们认为戟龙的两只前肢分得很开，但是在二十世纪六七十年代，一些古生物学家认为戟龙等角龙科恐龙的两只前肢应该更直立一些，它们之间的距离也应该更小一些。后来，美国的古生物学家模拟了角龙各个关节的运动情况，并根据这些研究结果最终确定了其前肢的站立姿势。

戟龙的尖角

戟龙的类别

　　戟龙看起来有点像尖角龙，它们都长有长鼻角，只是尖角龙的颈盾上没有长角。有些生物学家认为，戟龙与尖角龙、独角龙可以单独组成一个属。它们的鼻角和颈盾上角的数量可能会随年龄、性别或种类不同而改变。生物学家还推测，有一种戟龙的颈盾上只有两个角。

戟龙的生活形态

　　现在的雄鹿为了争夺雌鹿会相互用角推挤，这种情况也极有可能出现在戟龙的生活中。因为有几具戟龙的化石骨架显示，这样的打斗确实曾经出现过。在求偶的过程中，雄性戟龙之间可能会利用鼻角和颈盾上的长钉进行竞争。当两只雄性戟龙由侧面互相接近，颈盾上的长钉卡在一起后，它们会互相推挤，直到决出胜利的一方。在这种竞赛中，也许一般不会以一方受重创的结果收场，但有几具戟龙化石显示，这样的创伤曾经也发生过。

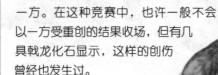

尖角龙

戟龙的别名

　　戟龙的拉丁文名意思为"刺状恐龙"。因为戟龙的鼻骨上有一个较长的角，而且颈部周围是由多个棘刺组成的棘刺圈，所以有人也把戟龙称为棘刺龙。戟龙属于角龙科，所以也有人称它为刺盾角龙。在中国大陆地区，人们认为这种恐龙的颈盾看起来像古代战将背后插的一排"画戟"，所以常常把它称为戟龙。

戟龙和尖角龙看起来很像

戟龙的亲戚——巴甲角龙

巴甲角龙也是角龙家族的一员，代表着角龙科的进化又向前迈进了一步。巴甲角龙的头骨开始长出顶饰，沿锋利的喙形嘴长出一排骨脊。其鼻尖上长着一个粗短的钝角，两颊长有耳朵一样的角状突起物。这种角龙的身体结实，后肢粗壮，可能以四肢行走。它可能用嘴撕咬草木，再用颊齿咀嚼。现在人们已经发现了保存完好的巴甲角龙化石，从体态上看，它们死后可能埋在地下巢穴中。

两只雄性戟龙正在争斗，它们颈盾上的长钉卡在一起，互相推挤着，直到最终决出胜利的一方

戟龙的亲戚——厚鼻龙

厚鼻龙也是角龙科恐龙，体长6米。它的鼻孔和眼睛上方长有厚厚的骨垫。虽然它们的鼻子上没有角，但头后有大大的颈盾，颈盾上方还长有两只小角。从外形上看，厚鼻龙与那些典型的角龙科恐龙无太大区别。它和戟龙一样生活在加拿大艾伯塔省，并且可能也像尖角龙一样过着迁徙的生活。

厚鼻龙的迁徙

角龙类恐龙大多有迁徙的习性，它们在每年的一定时间从一个地方迁徙到另一个地方。这些迁徙的角龙中也包括厚鼻龙。1985年，人们在加拿大艾伯塔省的某地发现了一千多具厚鼻龙的骨架，其中绝大部分是幼龙骨骼，一部分是正在成长中的个体，另一部分则是成年个体。据推测，这些骨架是厚鼻龙在迁徙途中遇上洪水后大量死亡而留下的。

厚鼻龙

三角龙

三角龙是已知体形最大的角龙科恐龙，而且它在角龙科中出现时间最晚，数量也最多，并且也是存活到最后的恐龙类群之一。三角龙的身躯庞大，仅头部的长度就等于一个人的高度，体重则与一头亚洲象相当。三角龙有一个宽大的颈盾，头上长有两个较长的眉角和一个较短的鼻角，看起来似乎骁勇好斗，但实际上却是一种温驯的植食性恐龙。

眉角

鼻角

三角龙的头部很长

三角龙

三角龙的外形

三角龙的头完全是一堆结实的骨甲，占了整个身长的很大一部分。它的喙部外面有一层角质层，而口鼻部已进化成侧面紧缩的嘴。三角龙的鼻孔上有一只短角，两眼上方各有一只一米多长的眉角。头部后方是像盾牌一样的骨质颈盾。三角龙的四肢都很健壮，尾巴较短。

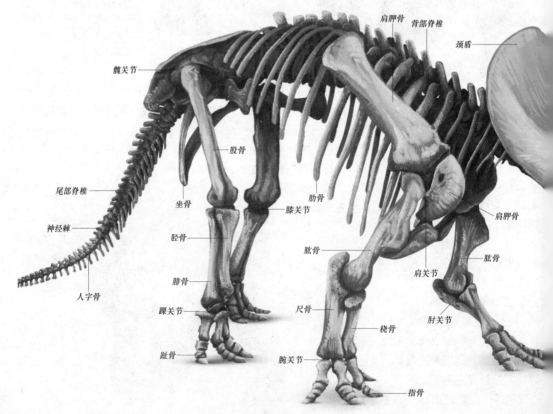

髋关节　肩胛骨　背部脊椎　颈盾

股骨　坐骨　肋骨　膝关节　肩胛骨

尾部脊椎　胫骨　肱骨　肱骨　肩关节

神经棘　腓骨　尺骨　肘关节

人字骨　踝关节　桡骨

趾骨　腕关节　指骨

三角龙的头部

　　就像所有长着长颈盾的角龙类一样，三角龙的脸部呈扁长型，它的口鼻部也很长，眉角比鼻角长。其头部后方的骨骼延长成为巨大的颈盾。三角龙的颈盾可能是华丽多彩的，既可在当时的自然环境中形成保护色，又可以像孔雀的尾巴一样作为求偶的工具。三角龙的尖角和颈盾使它拥有了完善的攻防武器，但也让它的头部十分沉重。

三角龙的头部

四肢和大象的一样粗壮

自行磨利的牙齿

　　三角龙牙冠的一侧具有一层釉质，增加了牙齿的硬度，但是其他各面都没有。当三角龙咀嚼食物时，较软的一面磨损得比坚硬的一面快，因此其牙齿总是保持着锐利的切面。并且，当三角龙的牙齿磨损或掉落后，缺牙的地方会长出新牙齿。但三角龙的牙齿只能剪切植物的叶子，不具有碾压和磨碎的功能。

自行磨利的牙齿

三角龙的生活形态

　　三角龙一般成群结队地生活在森林里。这些体形庞大的恐龙低垂着沉重的头，大口咀嚼着喜欢的植物。或许它们也会以长眉角将多叶的枝条压低，好让边缘锐利的嘴喙剪下植物的小枝和叶子，接着再以成组的颊齿将枝叶咬碎。雄恐龙会用角决斗，产生群体的首领，首领会承担起保护整个群体的责任。

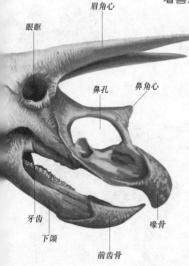

三角龙的骨架复原图

眉角心

眼眶

鼻孔

鼻角心

牙齿

下颌

前齿骨

喙骨

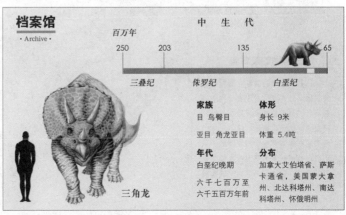

档案馆
· Archive ·

百万年			中　生　代		
250	203		135		65
三叠纪	侏罗纪		白垩纪		

家族
目 鸟臀目
亚目 角龙亚目

体形
身长 9米
体重 5.4吨

年代
白垩纪晚期
六千七百万至六千五百万年前

分布
加拿大艾伯塔省、萨斯卡通省，美国蒙大拿州、北达科塔州、南达科塔州、怀俄明州

三角龙

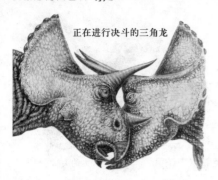

正在进行决斗的三角龙

三角龙的抵御

　　三角龙与暴龙生活在同一时期的同一地区，所以两者之间应该进行过无数场激烈的斗争。它们的关系可能就像现在非洲的狮子和野牛群一样。当三角龙群遇到暴龙时，三角龙可能会像野牛一样让老弱病残待在圈内，然后强壮的个体将头朝外围成一圈，而且当它们低头显露长角，以近6吨的体重、35千米的时速突击时，暴龙也无可奈何。

三角龙的角斗

　　像现代的许多动物一样，雄性三角龙之间也会以角斗的方式来争取团体的领导权和对异性的支配权。人们在部分三角龙的脸颊与颈盾骨骼上所找到的已经愈合的旧伤痕迹显示，两只雄性三角龙会头抵着头互相缠住对方的角来扭转，直到较弱的一方让步为止。它们头颅高处的孔洞具有避震的功能，防护着脑部。然而雄性三角龙也许更常以不流血的示威行动来维护权威：它们会低下头炫耀自己的颈盾，然后左右挥动以吓唬对手，使之撤退。

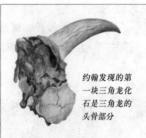

约翰发现的第一块三角龙化石是三角龙的头骨部分

三角龙的发现者

　　当我们翻阅有关恐龙的资料时会发现，三角龙的发现者一栏中填着马什，其实第一块三角龙骨骼化石是美国化石采集者约翰·贝尔·赫琪尔在美国怀俄明州发现的。只不过当时他一直为美国古生物学家马什工作，所以三角龙的发现者就定为马什了。

三角龙的亲戚——开角龙

开角龙是一种生活在白垩纪后期的植食性恐龙，其化石发现于美洲，和三角龙具有很近的亲缘关系，外形也和三角龙极为相似。开角龙的体重可达2吨，体长大约为4.8米，仅及三角龙的一半。但是其褶叶包围在颈上的颈部盾板比三角龙更长。另外，在开角龙的背上有圆形的瘤状突起。虽然开角龙像犀牛一样身躯庞大，但行动还是很迅速。

开角龙的颈盾比三角龙的更华丽

开角龙也有尖角

开角龙

喙部

尾巴粗短

掌部厚实

三角龙头朝外围成一圈，凶猛的暴龙也无从下手

开角龙的颈盾

虽然开角龙的体形比三角龙的小，可是却拥有比三角龙更夸张华丽的颈部盾板。但是和三角龙的颈盾不同的是，开角龙的盾板是中空的，并且在靠近边缘的地方开了许多孔洞。因此科学家认为开角龙的盾板不够坚固，应该是用来威吓敌人或如孔雀尾部般用来求偶的。

似角龙

三角龙的亲戚——似角龙

似角龙和三角龙有很近的亲缘关系，它的体形比三角龙小很多，头盾长而窄，边上是一圈向后的锯齿状棘刺，头盾中央也有一处突出的如分水岭一样的梁。似角龙生活在沼泽里，用它那鹦鹉状的喙形嘴切割草木为食。似角龙体重超过5吨，和其他角龙一样，似角龙是一种易变的动物，任何两只似角龙的盾和角的形状都不一样。

第八章

肿头龙类恐龙

Dibazhang

　　肿头龙类恐龙是一类奇特的鸟臀目恐龙，在白垩纪早期演化出来，一直生存到白垩纪末期才慢慢消失。"肿头龙"的意思是具有很厚的头盖骨的恐龙，这类恐龙最典型的特征便是头颅呈圆穹状，头骨既厚实又坚固，是一类典型的有着"花岗岩脑袋"的恐龙。人们对这一类恐龙的认识至少经历了五十多年的时间，人们最先发现肿头龙类恐龙的牙齿化石，后来才陆续找到其头骨等化石。最早的肿头龙类化石是在英国白垩纪早期的地层中发现的。据推断，肿头龙主要生活在山地的内陆平原和沙漠中，这样的地形不利于化石的形成，这可能是肿头龙化石较少的主要原因。

肿头龙

肿头龙类恐龙在恐龙大家族中只能算是中小型恐龙，身躯跟一般用后肢行走的植食性恐龙大致相似，但是其头部的构造可就大不相同了。肿头龙头颅的顶部非常厚并扩大成了一个突出的圆顶，这样厚的头骨使肿头龙的头颅变得极其坚硬。这一类恐龙的典型代表便是肿头龙。

雄性肿头龙互相碰撞时，会凭借厚重多骨的头战胜对手

肿头龙的外形

因为目前人们只发现了肿头龙的头骨，所以对肿头龙的外形的描绘都是根据已经发现的其他肿头龙类恐龙的化石推测出来的。肿头龙头的周围和鼻尖上都布满了骨质小瘤，有的个体头部后方有大而锐利的刺。它的牙齿很小，但很锐利，可是据推测，它摄取的食物应该是植物的叶子和种子而不是肉类。

肿头龙的颈部短而厚实，前肢短而后肢长，身躯不太大，坚硬的骨质尾巴由肌腱固定，十分沉重。

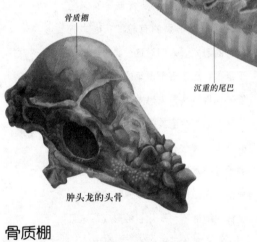

骨质棚

沉重的尾巴

肿头龙的头骨

细长的后肢

肿头龙

骨质棚

肿头龙的颅骨后面有一个突出的骨质棚，厚度约为25厘米，形状看起来就像一个保龄球。古生物学家推测，肿头龙正是利用骨质棚进行碰撞的，不过此处可以碰撞的部位很小，容易发生危险，尤其是颈部很容易侧向扭伤。但是，肿头龙相互碰撞时，这个骨质棚可能会把碰撞带来的震荡通过神经传到全身，减轻头部伤害。这是肿头龙类恐龙的共同特征，只是不同种的恐龙骨质棚的厚度各不相同。

当肿头龙无法逃脱掠食者时，也只能以头相撞，做最后一搏了

肿头龙的生活形态

肿头龙可能喜欢过群体生活。成年的雄性肿头龙之间可能会像现在的山羊一样，通过撞头来决定谁是群体的首领。在繁殖季节，它们也以这种方式来决出胜负，获胜的一方可以与群体中的雌性肿头龙进行交配。不过肿头龙的厚头部并不能帮助它们抵抗掠食者的袭击。在活动时，一旦肿头龙敏锐的嗅觉和视觉提醒它有肉食性恐龙靠近，肿头龙就会快速地逃到安全地带。

肿头龙的食物

目前，人们还无法确定肿头龙到底吃什么食物，因为与同时代的鸭嘴龙类恐龙和角龙类恐龙相比，肿头龙的牙齿比较锐利，但小而有脊。这样的牙齿嚼不烂纤维丰富的坚韧植物，所以肿头龙不太可能以坚韧的植物为食，它的食谱上可能包括植物的种子、果实和柔软的叶子之类，甚至当时的昆虫也可能是它的食物之一，这些食物都是肿头龙的小牙齿能够对付的。

头部的骨质小瘤

短小的前肢

小而锐利的牙齿

档案馆
· Archive ·

百万年　　　　　　　　　　中　生　代

250　　　203　　　　　　135　　65

三叠纪　　侏罗纪　　　白垩纪

家族　　　　　　　　**体形**
目 鸟臀目　　　　　　　身长 4.6米
亚目 肿头龙亚目　　　　体重 1.5吨

年代　　　　　　　　**分布**
白垩纪末期　　　　　　美国蒙大拿州、南达科塔州、怀俄明州
六千八百万至
六千五百万年前

肿头龙

其他肿头龙科恐龙

肿头龙科恐龙在白垩纪早期演化出来，一直生存到白垩纪末。它们共有10多种，是一类奇特的鸟脚类恐龙，以加厚的头盖骨为特征，头呈圆穹状。肿头龙科恐龙的种类比较多，除肿头龙外最有名的要数发现于北美地区的剑角龙，这种肿头龙生活在白垩纪晚期，属于素食性恐龙。除此之外，冥河龙、倾头龙、平头龙和微肿头龙等恐龙也为大家所熟知。

肿头龙科恐龙一般过着群体生活

倾头龙

倾头龙也是肿头龙科的成员之一，其化石于1974年发现于蒙古地区，保存很完好。倾头龙的体形较小，身长只有2.4米。它的头是球茎形的，边上长有一圈疙疙瘩瘩的隆起线。这种肿头龙科恐龙可能进食树叶和水果，而且像它的亲缘动物一样结群生活。此外它还有一个显著特征：尾巴的后部有一簇骨状的腱，这可以使倾头龙的尾巴保持僵硬。

头边上有隆起 ——— ——— 球茎形的头

尾巴硬挺

倾头龙的体形比较小

后肢粗壮有力

雄性倾头龙互撞

平头龙

呈平面的头上
布满骨瘤

喙部长有犬
形牙齿

平头龙生活在7200万年前的晚白垩纪，其化石主要发现于中国和蒙古，约3米长、1米高。平头龙有一个可爱的平平的头，就像现在时髦的平头。在交配季节来临时，平头龙就用头互相顶撞，比比谁是种群中的强者。平头龙具有很宽的骨盆，这一特点使许多科学家认为，它们可能不像其他恐龙那样产卵繁殖后代，而是直接生产幼仔的。

尾巴很长

后肢粗壮

前肢短小

平头龙

胀头龙

发现于蒙古高原的胀头龙就是肿头龙类最早的代表之一。科学家推测，胀头龙身长2米，体重不到50千克，在肿头龙家族中属于小型种类。胀头龙的标本只有一块残破的头骨，但是这块不到13厘米高的头骨顶部的厚度却达到了10厘米！这么奇特的头骨只可能属于肿头龙类，它大概是用于抵抗胀头龙彼此猛烈对撞时产生的巨大冲击力，以免头部的器官受到损伤。

胀头龙

胀头龙的居住地

胀头龙生活在8千万年前的蒙古高原上，它们的栖息地非常干燥，与胀头龙发现于同一时期的植物化石证明了这一点，因为它们都是一些耐旱的类型。不过，今天蒙古高原上的戈壁滩比恐龙生活的那个时代更加干旱。这是因为当时的海平面比现在高，有更多来自海洋的水蒸气能够到达那里形成降雨，因此那时戈壁的气候比现在更为湿润，在雨季时还可以形成许多浅浅的池塘或湖泊。

微肿头龙

微肿头龙的拉丁文名字为"Micropachycephalosaurus"，意思为"小型的肿头龙"。其身长只有50厘米，生活于白垩纪晚期，以树的叶、芽及灌木等为食。微肿头龙的头颅很厚，被骨板所覆盖。它的生活习性大概与肿头龙一样。迄今为止，人们只发现了微肿头龙的下颌和颅骨的化石碎片，所以科学家们也不能确定微肿头龙到底是不是成体。

冥河龙

冥 河龙的命名源于美国蒙大拿州的
地狱溪，它也是肿头龙家族的一员，其体形
和习性都很像今天的野山羊。冥河龙的头颅顶部、
后部与口鼻部饰以非常发达的骨板与棘状物，1983
年人们发现其化石时的场景就像取出一具地狱恶
魔的遗骸一般恐怖，冥河龙那精巧而复杂的头
饰使它在肿头龙类乃至所有恐龙中都是面目最狰狞的。

冥河龙

冥河龙的外形

冥河龙的体形很小，全长约2.4米，高约
1米，不过，其中最大的个体身长可达7.5米。
冥河龙的头有一个足球大小，头颅顶部、后部
和口鼻部都有非常发达的骨质突起，周围布满
了尖刺，使它的相貌显得狰狞可怖。冥河龙长
有细小的前肢，并长有坚硬的长尾巴。它的头
盖骨异常厚实，这正是肿头龙类恐龙的进化趋
势，可以证明冥河龙是肿头龙类恐龙中比较进
步的种类。

头颅顶部长有尖刺

头盖骨非常厚实

前肢细小

正在休息的冥河龙

冥河龙的头骨

冥河龙的头部有一个坚硬的圆形顶骨，周围布满了锐利的尖刺，看起来似羊非羊，似鹿非鹿。这种奇怪的头饰有何作用呢？有些科学家认为，冥河龙头颅上的圆顶可以抵抗猛烈的冲撞，角刺则可用来相互碰撞，所以这些圆顶和尖刺很可能是群体中雄性之间争斗的武器。也有一部分科学家认为，这纯粹是装饰而已，雄冥河龙可以在繁殖季节用圆顶和角刺来吸引异性。

档案馆
· Archive ·

中 生 代

百万年				
250	203		135	65
三叠纪	侏罗纪		白垩纪	

家族	**体形**
目 鸟臀目	身长 2.4米
亚目 肿头龙亚目	体重 25千克
年代	**分布**
白垩纪末期	美国蒙大拿州、怀俄明州

冥河龙

冥河龙的头骨

冥河龙的生活形态

迄今为止，人们只发现了五具冥河龙的头骨，以及一些零零碎碎的身躯遗骸。据现有资料推测，冥河龙是一种温和的植食性恐龙，很可能会以后肢行走，与其他肿头龙类恐龙共同生活在白垩纪晚期的北美大陆。因为冥河龙的头颅骨板非常厚实，所以有一部分古生物学家认为雄性冥河龙之间是以互相碰撞头部来争夺伴侣的，它们在繁殖季节的格斗应该非常激烈。

直立行走的冥河龙

冥河龙的群居生活

冥河龙很可能过着群居生活，成年的雄性冥河龙会彼此撞头来决出群体的领袖。古生物学家们在冥河龙的栖息地发现了霸王龙、艾伯塔龙等大型掠食性恐龙化石，这说明当时这些恐龙是与冥河龙混居的。为了防御敌人，过着群居生活的冥河龙需要建立有效的预警机制，群体中机警而敏捷的冥河龙承担着警戒任务。当掠食性恐龙进犯时，所有强壮的冥河龙都会与其格斗，保护老弱的同类撤离。

剑角龙

剑角龙是肿头龙类恐龙的一种，生活在白垩纪晚期，身长为2.5米左右，高1.5米。和其他肿头龙类恐龙一样，剑角龙也有又厚又圆的头盖骨，这是剑角龙自卫的武器。在受到攻击而又走投无路时，剑角龙会突然用头拼命向来犯之敌撞去，使对方遭受重创。

剑角龙的头骨

剑角龙的骨架复原图

剑角龙的身体结构

剑角龙的身体结构很符合撞击的力学要求，比如它的头可以自如地前倾；头与脊柱之间形成一个适当的角度，战斗时身体绷成一条直线，头稍向下倾，有利于冲刺；它的前肢短、后肢长，可以使它的动作灵活；长长的尾巴可以保持身体的平衡；骨盆上方有6～8块互相愈合的脊椎，由骨腱紧紧地连在一起，这样既加强了冲力，又起到了减少震动的作用。

剑角龙的头骨

剑角龙也拥有肿头龙家族共同的特征，即又厚又圆的头骨。它的头骨呈半圆形，由许多小骨块组成，盖住了它的眼睛和后脖颈。在剑角龙刚出生的时候头骨并不是很厚，但随着剑角龙逐渐长大，它也越长越厚。某些专家认为他们分别找到了雄剑角龙和雌剑角龙的头盖骨化石。其中较厚的骨头可能是雄剑角龙身上的。一只雄剑角龙的头骨有25厘米长，6厘米厚。

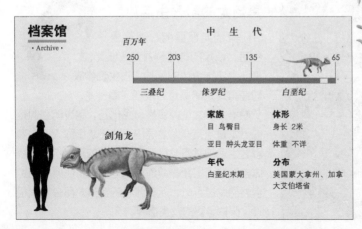

档案馆
· Archive ·

	中　生　代		
百万年			
250　　　　203		135	65
三叠纪	侏罗纪	白垩纪	

剑角龙

家族	**体形**
目　鸟臀目	身长　2米
亚目　肿头龙亚目	体重　不详
年代	**分布**
白垩纪末期	美国蒙大拿州、加拿大艾伯塔省

剑角龙一般成群结队地生活

剑角龙的生活形态

剑角龙一般是成群结队地生活的，由决斗中获胜的雄性成员充当首领。作为首领的剑角龙不仅统率整个群体，而且拥有与群体中雌性恐龙交配的权利，这是动物为保存优良种系所做的自然选择。尽管剑角龙体形不大，但并不是个好惹的家伙。五倍于人的头骨厚度的头盖骨是剑角龙对付凶猛敌人的有力武器。

剑角龙的亲戚——皖南龙

皖南龙是一种小型的肿头龙类恐龙，其化石是中国科学院古脊椎动物研究所于1967年在安徽南部西山盆地挖掘到的。皖南龙具有很大的眼前眶开孔和完整的扁平头顶，其前顶骨部分很厚，在头顶骨外面有小而密的骨质棘刺，颅骨区域的装饰极为发达。这类肿头龙类成群生活，整个族群的首领是少数雄性。

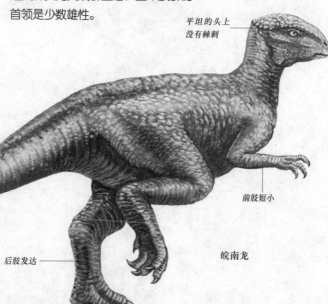

平坦的头上没有棘刺

前肢短小

尾巴长而滚圆

后肢发达

皖南龙

211

第九章

与恐龙同时代的动物（一）Dijiuzhang

这一章讲述的是与恐龙同时期的两栖动物和爬行动物。原始的两栖类动物大半在温暖、潮湿的环境中生活，它们在石炭纪早期进化出现之后便迅速发展，其中的主要类群大多在3000万年之内就陆续出现了。体形庞大的离椎类群是当时的优势掠食性动物，它们种类繁多，分布极广，全球各地的古生代和中生代岩层中都可以找到它们的化石。爬行类群是羊膜动物类群的演化分支，在古生代和中生代成为地球上的优势生物。早期的爬行类群都是体形较小的食虫动物，如林蜥等，而早期的副爬行动物类群却包括了二叠纪体形最大的陆栖动物。双孔类群是爬行动物的主要类群，在石炭纪之后才进化出现。

离椎动物类群

短尾巴

离椎动物类群包括水栖动物、两栖动物和陆栖动物类。早期离椎动物类群大多是似蝾螈的水栖掠食性动物，但也有小部分种类在陆地上以捕猎为生。有些较后期出现的离椎动物背上或全身演化出盾片，具有更强的防卫能力，其他进化型的离椎类群则留在水中，变成体形庞大的掠食者。

虾蟆螈

虾蟆螈是离椎动物类群的成员之一，大半生存于三叠纪。它们有粗短厚实的身体、粗短的四肢及短尾，以及具有长颌部的强大颅骨，在靠近下颌尖端处有两根三角形的大尖牙，紧闭上下颌时，两根尖牙会穿过上颌的开口而突出于颅骨上方。据推测，虾蟆螈猎食的对象除了小型祖龙类等陆栖动物之外，还包括鱼类。在有些体形较小的离椎动物化石上，有时也会发现类似虾蟆螈的动物咬伤的齿痕。

粗短的四肢

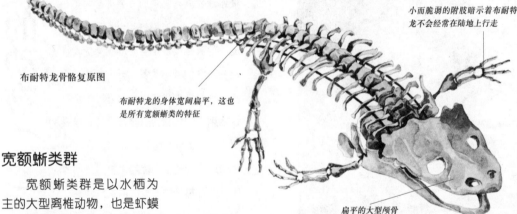

小而脆弱的附肢暗示着布耐特龙不会经常在陆地上行走

布耐特龙骨骼复原图

布耐特龙的身体宽阔扁平，这也是所有宽额蜥类的特征

宽额蜥类群

宽额蜥类群是以水栖为主的大型离椎动物，也是虾蟆螈的远亲。所有的宽额蜥类群都有扁平的大型颅骨。分布于今北美洲的布耐特龙就是宽额蜥类群的一种。人们发现的布耐特龙化石缺少尾巴，后来因为有人认为布耐特龙应该是长尾巴、会游泳的掠食性动物，所以对其复原时就根据这个观点补上了尾部。然而最近的研究显示，布耐特龙应该长有短尾，可能会卧在河床上静待猎物出现。

扁平的大型颅骨

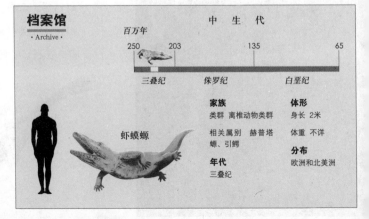

档案馆
· Archive ·

百万年	中 生 代			
250	203		135	65
三叠纪	侏罗纪		白垩纪	

虾蟆螈

家族
类群 离椎动物类群
相关属别 赫普塔螈、引鳄

年代
三叠纪

体形
身长 2米
体重 不详

分布
欧洲和北美洲

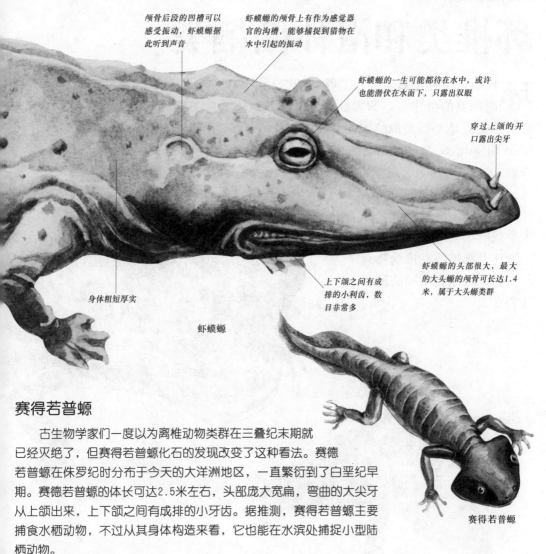

颅骨后段的凹槽可以
感受振动，虾蟆螈据
此听到声音

虾蟆螈的颅骨上有作为感觉器
官的沟槽，能够捕捉到猎物在
水中引起的振动

虾蟆螈的一生可能都待在水中，或许
也能潜伏在水面下，只露出双眼

穿过上颌的开
口露出尖牙

身体粗短厚实

上下颌之间有成
排的小利齿，数
目非常多

虾蟆螈的头部很大，最大
的大头螈的颅骨可长达1.4
米，属于大头螈类群

虾蟆螈

赛得若普螈

赛得若普螈

古生物学家们一度以为离椎动物类群在三叠纪末期就
已经灭绝了，但赛得若普螈化石的发现改变了这种看法。赛德
若普螈在侏罗纪时分布于今天的大洋洲地区，一直繁衍到了白垩纪早
期。赛德若普螈的体长可达2.5米左右，头部庞大宽扁，弯曲的大尖牙
从上颌出来，上下颌之间有成排的小牙齿。据推测，赛得若普螈主要
捕食水栖动物，不过从其身体构造来看，它也能在水滨处捕捉小型陆
栖动物。

集体死亡的三节螈属化石标本

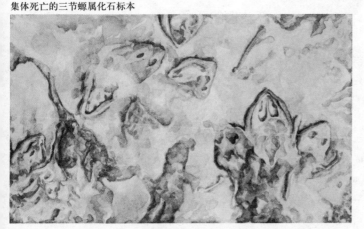

集体死亡

已发现的化石表明，有些
种类的离椎类群有好几百只同
时死亡并埋在一起。至于为什
么会出现这种集体死亡并埋葬
的现象，各家说法不一。传统
的观点认为，这些动物是在干
旱时期因为栖居的水池干涸而
死的。但也有些专家认为，这
种现象是因为骨头随着水流冲
刷而逐渐堆积形成的。

环椎类和滑体两栖类

环椎类是生存于石炭纪和二叠纪的四足动物类群，或许也包括滑体两栖类的祖先型，即青蛙、蝾螈和蛇蜥所属的类群。其中的小鲵类群是外形类似蜥蜴的环椎类，生存于石炭纪和二叠纪早期；游螈类群形似蝾螈，比较习惯在水中生活，其中最负盛名的是笠头螈类。滑体两栖类的演化在古生代晚期就开始了。现存的滑体两栖类的脊椎动物有5000种，比哺乳动物的种类还要多。

宽大的双角

鼻孔位于头部前端

双眼位于颅骨顶部

笠头螈

前肢有五指

笠头螈的颅骨和脊椎

笠头螈

笠头螈是十分罕见的环椎类群动物，二叠纪时分布于今美国得克萨斯州一带。笠头螈有扁平的身体，当笠头螈还是幼体的时候，它的头圆圆的，随着慢慢长大，头骨逐渐向两侧生长，看上去像戴着个"大斗笠"，这也是它们名字的由来。笠头螈的身体和尾巴都很短，这在游螈类群里也算是特例，有些专家还推测它们行动时并不会扭动尾巴，而是上下摆动身体以向前推进。

笠头螈的双角

笠头螈的双角到底有什么作用，目前还众说纷纭。或许这对宽大的角有保护自己的作用，可以让捕食离椎动物类群的猎食者因为吞咽不下而不得不放弃。不过更为简单的看法是，这对角可以发挥类似翼面的作用，让笠头螈在逆流中游动时可以产生浮力。笠头螈也许大多时间都待在河床中搜寻猎物，等到发现猎物踪影时，它就会略仰着头迅速上浮到水面捕食，这时双角的浮力便会派上用场。

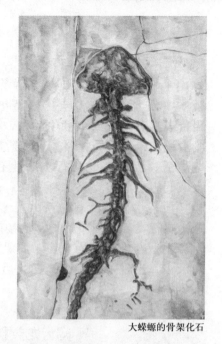

尾巴较短

身体短而平阔，伏在河床上
时也许会很难被发现

大蝾螈的骨架化石

滑体两栖类群的多样性

第一种滑体两栖类出现以后，又渐渐地演化出许多不同的类型，其中出现了滑体两栖类中的特异种类——骨骼大幅缩小的青蛙。这种青蛙没有肋骨和尾巴，只有几节椎骨，骨盆也缩小成为V形构造。三叠纪时分布于今马达加斯加岛的三叠蛙是已知最早出现的青蛙，形似蚯蚓的无附肢滑体两栖类是在侏罗纪时最先出现的滑体两栖类。

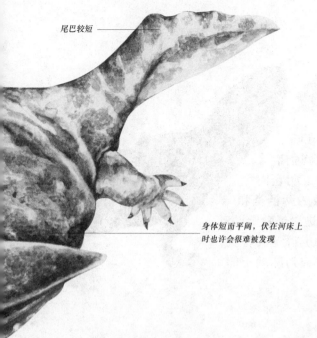

三叠蛙

三叠蛙

三叠蛙是迄今人类已知最早的滑体两栖类动物，存在于两亿四千万年前。这种小动物的体长大约只有10厘米，已经具有一些典型的蛙的特征。其头骨简化，尾部缩短，腰带中的髂骨向前延伸，胫腓骨愈合为一块儿并伸长。三叠蛙又有许多原始特征，如前肢保留五指（而不是现生两栖类中常见的四指），躯干部的脊椎骨数目较多，尾部仍由若干脊椎骨组成等。

档案馆
· Archive ·

	古 生 代						
百万年							
540	500	435	410	355	295	250

寒武纪　奥陶纪　志留纪　泥盆纪　石炭纪　二叠纪

笠头螈

家族	**体形**
类群 环椎类群	身长 1米
相关属别 双棘类群	体重 不详
年代	**分布**
二叠纪早期至晚期	北美洲

爬行类

爬行类包括了羊膜动物类群及其祖先型。虽然某些经过特化的爬行类具有两栖或水栖生活型，但一般来说，爬行类的骨骼越来越适合在陆地生活。因为某些爬行类的化石在远离水域的岩层中被完整保存下来，这证明它们和其他亲水种类没有联系。大多数的两栖类和陆栖爬行类都是四肢外长、匍匐前进以捕食节肢动物和小型脊椎动物为生。羊膜动物类群是爬行类的后裔，出现于石炭纪晚期，后来成为陆地上的优势类群。

西洛仙蜥

阔齿龙类群

阔齿龙类群是爬行类的一种，在石炭纪晚期演化出来，并繁衍至二叠纪早期。阔齿龙有厚实的肢带及短而强壮的四肢，从牙齿的形状可以看出它们是植食性动物，而且是最早演化出来的植食性的陆栖脊椎动物。从阔齿龙类群和羊膜动物类群的骨骼特征来看，这两类动物的关系十分密切，生活形态和身体构造也可能非常相似。阔齿龙属是最著名的阔齿龙类群动物，分布于北美洲和欧洲。

厚头似爬行属

厚头似爬行属

有些专家把石炭纪早期分布于今苏格兰的厚头似爬行属归于爬行形类。这群动物体长约2米，头部又重又钝，四肢纤细。厚头似爬行属可能是一种水栖的掠食性动物，以鱼类和其他脊椎动物为食。它们有很多原始的特征，或许这是它们特别能适应水栖生活的原因。其中有两项特征就是骨盆和颅骨后侧的突出沟槽，鱼类和早期具有附肢的脊椎动物的鳃裂也是这一类动物残留的痕迹。

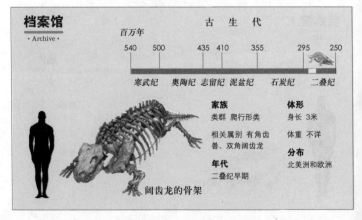

档案馆
· Archive ·

古 生 代						
百万年						
540	500	435	410	355	295	250
寒武纪	奥陶纪	志留纪	泥盆纪	石炭纪	二叠纪	

家族
类群 爬行形类
相关属别 有角齿兽、双角阔齿龙

年代
二叠纪早期

体形
身长 3米
体重 不详

分布
北美洲和欧洲

阔齿龙的骨架

218

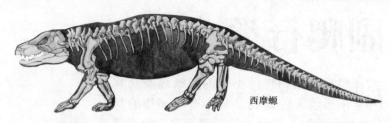

西摩螈

纤长的身体非常灵活

西摩螈形类群

西摩螈形类群出现在二叠纪，是一种小型爬行类的掠食动物类群。这个类群中的许多种类已经适应了水栖生活，并会产下有鳃的幼体，幼体的颅骨上也有作为感觉器官的沟槽。西摩螈形类群中的圆盘蜥属幼体颅骨上有些沟槽，这些沟槽的内部可能有器官用来侦测猎物肌肉发出的电力讯号。分布于欧洲和北美洲的西摩螈属在陆地上生活，它们四肢粗短，栖居在干燥的高地环境。

四肢结构适合陆地生活

尾巴与蜥蜴的尾巴相似

羊膜卵的构造示意图

羊膜动物类群

羊膜动物类群出现于石炭纪晚期，后来成为陆地上的优势类群。它们是爬行类的后裔，是最早以密封构造——羊膜卵（即我们常说的"卵"或"蛋"）保护胚胎，繁殖下一代的。四足动物之所以能够远离水域，征服陆地，关键就在于演化出了羊膜卵。羊膜动物类群可以分为两大类：单孔动物类群和爬行类。许多种类后来放弃卵壳而把胚胎直接留在体内，使其对下一代的防护更周全。

林蜥类

林蜥类是最早期的爬行动物。和其他早期爬行动物相比，林蜥类的颌部肌肉更发达，且颅骨粗壮，牙齿尖锐，更适合啃咬小型节肢动物。林蜥类的化石发现于今加拿大新斯科细亚省一处著名的化石发掘地，那里许多林蜥标本的骨骼化石保存状况良好，连最小的骨头都完好无缺，有时甚至还能看到体表的鳞片。这些化石都是在森林中由腐朽树干形成的陷阱中发现的。据推测，当时一些小型节肢动物掉进了空树干中，林蜥为了捕捉这些小动物也掉了下去。

林蜥及其生存的环境

副爬行类动物

副爬行类动物包括小型的似蜥蜴类及其他体形较大的动物，其中有些动物的身上有棘刺和盾板。最原始的副爬行类动物类群可能是形似蜥蜴的米勒古蜥类群。不同于其他爬行类动物，副爬行类动物的颅骨后侧没有称为"窝窗"的开口，这类开口可减轻爬行动物的颅骨重量。副爬行类动物中的许多类群有钉状钝齿，看起来应是植食动物。

盾甲龙类

盾甲龙类也属于副爬行类动物。它们的头部和身体比起来比较小，成体有鼻角，嘴巴宽阔，牙齿呈锯齿状，适合啃咬、咀嚼坚韧的叶子。盾甲龙类的身体厚重浑圆，四肢粗壮，体表覆盖着许多骨质棘钉、疣凸和角凸，这些构造中的有些如面颊突出物、鼻角和颌钉等是在盾甲龙类长大后才出现的，可在交配时用来炫耀或打斗，也具有一定的防御能力。

巨齿龙类

巨齿龙类生存于二叠纪后期，它们的体长可达3米，躯体强健，外形与盾甲龙类相似。它们以植物为食，体内应该有大得惊人的肠道，以便充分消化这些养分低的食物。爱尔基巨齿龙是巨齿龙类的侏儒种，它的体长只有60厘米，发现于现今的苏格兰。爱尔基巨齿龙的头部覆盖着数根棘钉，其中从颅骨背侧长出来的两根特别长。这些棘钉可能是用于炫耀而不是防御。有些侏儒种巨齿龙身体上的坚甲覆盖面很广，和龟鳖类群非常相似。

盾甲龙

面颊上的大型板状突出物

成体会长出鼻角

宽阔的嘴巴

颌钉

大而细的角

前肢上有强而有力的肌肉

颅骨表面覆盖着肿块

颊钉可能用来和对手推挤

爱尔基巨齿龙的头骨

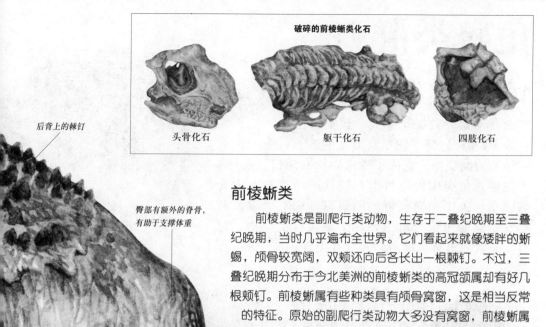

破碎的前棱蜥类化石

头骨化石　　　　躯干化石　　　　四肢化石

后背上的棘钉

臀部有额外的脊骨，
有助于支撑体重

短尾

厚重的柱状后肢

粗壮的足趾

前棱蜥类

前棱蜥类是副爬行类动物，生存于二叠纪晚期至三叠纪晚期，当时几乎遍布全世界。它们看起来就像矮胖的蜥蜴，颅骨较宽阔，双颊还向后各长出一根棘钉。不过，三叠纪晚期分布于今北美洲的前棱蜥类的高冠颌属却有好几根颊钉。前棱蜥属有些种类具有颅骨窝窗，这是相当反常的特征。原始的副爬行类动物大多没有窝窗，前棱蜥属应是独立于其他爬行类自行演化而来的。

中龙类

中龙类是生存于二叠纪时期的小型水栖爬行类，是副爬行类动物和其他所有爬行类的姊妹类群，其化石分别发现于非洲和南美洲。中龙类的颌部延伸加长，口中的牙齿呈钉状，能咬紧小型鱼类和水栖的节肢动物；身体细长，肩部和腰部的骨骼都比较小，身后有一条呈桨状的长而灵活的尾巴，指（趾）上有蹼。中龙类主要生活在溪流和水潭中，很少上岸，特别爱吃水里的鱼。

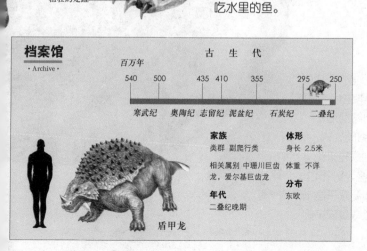

档案馆
· Archive ·

古　生　代

百万年

540　500　　435　410　　355　　　295　　250

寒武纪　奥陶纪　志留纪　泥盆纪　石炭纪　　二叠纪

家族
类群　副爬行类

相关属别　中珊川巨齿
龙，爱尔基巨齿龙

年代
二叠纪晚期

体形
身长　2.5米

体重　不详

分布
东欧

盾甲龙

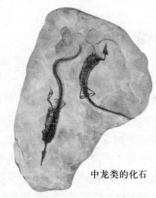

中龙类的化石

龟鳖类群

龟鳖类群是一种古老而特殊
的爬行动物，均为小型的两
栖杂食动物。发展至今天，该类群已
有多于250种。最早的龟鳖类是生活于三叠
纪早期的原颚龟，它除了嘴喙中长有牙齿，头部
不能缩进龟壳中外，外形与现代的龟类没有太大
的区别。关于龟鳖类群的归属目前尚有争议。有
些专家认为龟鳖类群应该属于副爬行类动物，也
有专家认为龟鳖类群应归入双孔类群。

原颚龟

龟鳖类群的龟甲

所有龟鳖类群最明显的特征就是它们都有一层龟甲。龟甲是经过修正变
异并覆盖着胸腔的盾板，龟鳖类的发展主要是其龟甲的发展。进化型的龟鳖
类群可以将四肢、颈部和尾巴全部缩入壳内，有些类型的外壳
甚至还有铰链，可以闭合外壳，将整个身体和外面世界
隔绝。但早期的龟鳖类群无法将颈部和四肢缩入壳
内，例如三叠纪早期分布于今德国的原颚龟。

非洲加蓬侧颈龟的腹甲

头部较小

脖子可以缩
回壳内

龟鳖类群的分类

龟鳖类群中有两个亚目从中生代
一直繁衍到现代，即颈部能侧向缩回壳
内的侧颈龟亚目和颈部能垂直缩回壳内
的曲颈龟亚目。侧颈龟相对于曲颈龟来说
要原始得多，它在史前比较繁盛，分布也
一度很广，而现在分布区域基本局限于南半
球。龟鳖类群中进化最成功而且数量较多的
是曲颈龟，它们现在仍遍布全球。

粗壮的脚趾

始海龟

始海龟生活于白垩纪时期，体长可达4米，是龟鳖类群中体形最庞大的种类。始海龟没有龟甲，其背部是骨架，由厚实而坚硬的类似皮革的皮肤覆盖着。它长有巨大的鳍状肢，可用于在水底划水游动，游动距离可以很远。它的喙中没有牙齿，其食物种类较多，鱼、水母、腐肉、植物都可能是它的食物。虽然始海龟体形较大，但无法将颈部和四肢缩入壳内，因此对大型掠食者来说是一种易捕获的猎物。

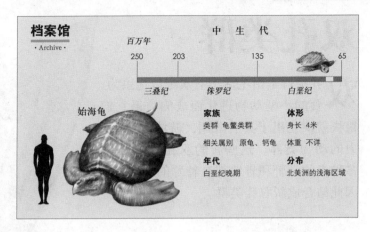

档案馆
· Archive ·

百万年			中　生　代		
250	203		135		65
	三叠纪	侏罗纪		白垩纪	

始海龟

家族	**体形**
类群 龟鳖类群	身长 4米
相关属别 原龟、钙龟	体重 不详
年代	**分布**
白垩纪晚期	北美洲的浅海区域

侧颈龟

侧颈龟包括了侧颈龟科和蛇颈龟科两种，主要分布在大洋洲、南美洲、非洲等地区。侧颈龟出现之前，龟鳖类的主要成员是原颈龟、始海龟等原始类群。侧颈龟的一个重要特征是，当头部向壳内缩进时颈部向两侧弯曲。另外，侧颈龟全部栖居在淡水中。生存于400万年前的南美侧颈龟是体形最大的淡水龟，体长可达2米。

背壳

南美的黄头侧颈龟

曲颈龟

曲颈龟能通过上下摆动颈部，把头颈直接向后完全缩回壳中。目前发现的侏罗纪时期的曲颈龟化石长约30厘米。曲颈龟广泛分布于陆地、淡水、海洋中，包括了海龟科、棱皮龟科、龟科、鳄龟科、平胸龟科、潮龟科、陆龟科、泥龟科、动胸龟科、鳖科和两爪鳖科等大多数的龟鳖类。其中棱皮龟是现存最大的龟鳖类，生活于海洋中，背部的骨壳为平滑的革质皮肤所覆盖。

阿特拉斯陆龟是目前已知的最大陆龟

棱皮龟是现在的龟中之王

双孔类群

双孔类群是由生活于石炭纪以昆虫为食的小型动物进化而成的，但它们很快就演化出了具有滑翔、游泳和挖掘能力的动物类群。这些新的双孔类群中有许多种类的颅骨和骨骼都有特殊的共同特征，因此结合成新双孔类群。

皮膜伸展，覆盖骨质柱

颅骨背侧隆起，形成锯齿状的突起

口鼻部很尖，口中有锐利的锥状齿

利爪弯曲，适于抓握树枝

杨氏鳄属的颅骨

杨氏鳄形类群

杨氏鳄形类群是极原始的新双孔类动物，它们生存于二叠纪，颈部较短，颅骨背侧有大型开口。虽然杨氏鳄形类也包括水栖种类，不过多数种类都生活在陆地上。其中的杨氏鳄属是穴居的爬行动物，它们在气候过热或过冷时会挤在一起调节体温。杨氏鳄形类群中的沙地欧龙属则分布于今马达加斯加岛，有非常长的尾巴及足趾，可能善于高速奔跑。

韦格替蜥类群

韦格替蜥类群是一种特殊的树栖双孔类动物，它们的身体两侧衍生出许多长条的棍棒状构造，即骨质柱。这些骨质柱之间有皮膜延伸覆盖，可用来滑翔。这种"翅膀"不用时还可折叠收拢。其中，腔尾蜥用以滑翔的骨质柱和肋骨完全不相连，这是其独有的特征。

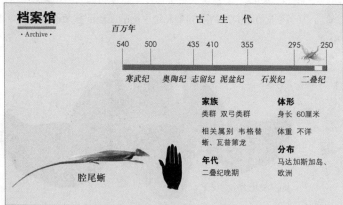

档案馆
· Archive ·

			古 生 代				
百万年
540　500　435　410　355　295　250

寒武纪　奥陶纪　志留纪　泥盆纪　石炭纪　二叠纪

家族
类群　双弓类群

相关属别　韦格替蜥、瓦普第龙

年代
二叠纪晚期

体形
身长　60厘米

体重　不详

分布
马达加斯加岛、欧洲

腔尾蜥

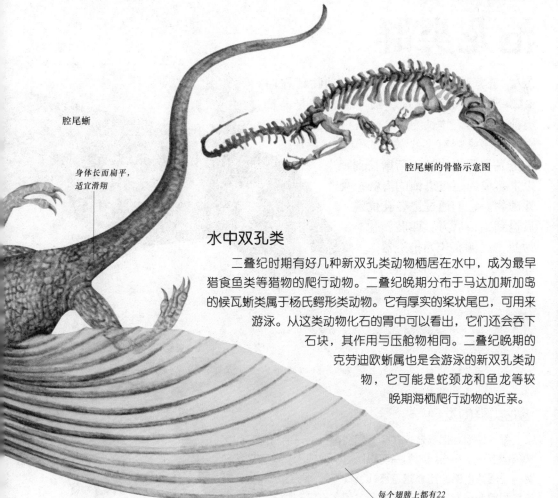

腔尾蜥

身体长而扁平，
适宜滑翔

腔尾蜥的骨骼示意图

水中双孔类

二叠纪时期有好几种新双孔类动物栖居在水中，成为最早猎食鱼类等猎物的爬行动物。二叠纪晚期分布于马达加斯加岛的候瓦蜥类属于杨氏鳄形类动物。它有厚实的桨状尾巴，可用来游泳。从这类动物化石的胃中可以看出，它们还会吞下石块，其作用与压舱物相同。二叠纪晚期的克劳迪欧蜥属也是会游泳的新双孔类动物，它可能是蛇颈龙和鱼龙等较晚期海栖爬行动物的近亲。

每个翅膀上都有22
根弯曲的骨质柱

离蜥类群

离蜥类群是三叠纪至第三纪中期生活于水中和陆地的新双孔类动物类群。它们是由二叠纪时期类似杨氏鳄形类的祖先演化而来的，体长不超过3米。其中有些动物的外形类似栖居在河中的鳄类，例如沟蜥。沟蜥生活于水中，前肢强壮，适于游泳；颌部很长，适宜捕食鱼类。白垩纪时分布于今日本一带的寿卡蛙离蜥属长有长颈，形似小型的蛇颈龙，不过其身体构造却适合在陆地上生活。拉若乳鳄类也是离蜥类群的一种，它们的体形不大，口鼻部很短，身体构造也适合在陆地上生活。

候瓦蜥类的复原图

沧龙类群

沧龙类群是巨型海生爬行类动物，在白垩纪时分布很广。最早的沧龙是两栖类掠食动物，体长约1米，和巨蜥及钝尾毒蜥等陆栖蜥蜴有亲缘关系。但是，后来沧龙类群的体长逐渐增长到15米以上，成为超级恐怖的海栖掠食性动物。它们通过把鼻孔位置后退到头顶后方、四肢转化为鳍、尾部变长为推进器等方式，来适应水中的生活。

背部可能有暗沉的表皮

头颅可以活动自如

沧龙类群中最大的一种——海龙王

口鼻部有骨质尖端

下颌前端呈钝矩形

沧龙类群的发现

第一块沧龙化石是1770年人们在荷兰的马斯特里齐村圣彼得山上一个采石场内的白垩纪地层中发现的。这种爬行动物与任何活着的动物都相差甚远，其下颌骨长达1.33米，牙齿锋利得像一把把短剑。当时著名的化石解剖学家坎伯父子对它进行研究后得出了不同的结论：老坎伯认为这是一块古鲸化石，而小坎伯则认为这块化石更像蜥蜴的骨骼化石。直到后来，这块化石才被其他研究人员证实是沧龙类群的化石。

海龙王的骨骼

沧龙类群的外形

沧龙类群的长相类似鳄鱼，但是四肢没有爪，只有适于游泳的鳍，从外形上看，它更像今天的某些鱼类。沧龙的喙部又长又尖，并且长满利齿，整个身体较为细长，尾巴又长又扁。在水中游泳时，它们靠尾巴的左右摆动来推动身体前进，四肢则用来控制方向和保持平衡。沧龙类中的海龙王属口鼻部具有坚硬的骨质尖端，可能被用作撞昏猎物的武器，有些标本的口鼻部曾经发现有受损现象，似乎可以印证这种行为。

尾部强而有力，能推
动身体在水中游动

海龙王有翼状的长鳍肢，有些
沧龙类群的鳍肢则宽阔似桨

沧龙类群的生活形态

沧龙类有大型的锥状齿和强健的颌部，可以捕食大型鱼类、龟鳖类和蛇颈龙类。有些沧龙类还演化出可以磨碎食物的钝齿，所以可能也吃菊石等带壳的软体动物。在日常生活中，沧龙类绝大部分时间都在靠近海岸的水域慢慢游动，或隐藏在海藻或者礁石区伏击猎物。等猎物靠近身边时，它便飞快上前大口咬住，被它咬住的动物几乎没有机会逃脱。不过，沧龙类还是会遭到其他生物的袭击，考古学家在一具沧龙类化石上就发现过被鲨鱼撕咬过的痕迹。

现代的希拉毒蜥

沧龙类群的感觉器官

就像其陆栖性的亲缘种类蜥蜴一样，沧龙类可能也有分叉的长舌。沧龙的嗅觉系统中有一个被称为犁鼻器的特殊器官，沧龙类通过犁鼻器将外部信息传到脑部的附属嗅球，这样就能感觉到同类动物的信息。这也证明了沧龙可能是靠嗅觉来捕猎和识别其他同类成员的。另外，所有沧龙类的眼睛都比较大，因此它们可能也是视觉敏锐的动物。

沧龙类的身体像现在的
蛇类一样灵活而细长

沧龙类与蛇类的关系

在对沧龙类群的研究过程中，争议最激烈的是它们究竟是不是蛇类的近亲。有些古生物学家认为沧龙与蛇是近亲，它们的祖先都是生活在水中的动物，因为沧龙的身体非常细长，而且四肢已基本退化，这些特征都与现在的蛇类非常相似。不过，也有些古生物学家认为，沧龙和蛇类没有任何关系，只不过是外形有点相似而已。

档案馆
· Archive ·

中 生 代				
百万年				
250	203		135	65
三叠纪	侏罗纪		白垩纪	

沧龙

家族	**体形**
类群 沧龙类群	身长 11米
相关属别 伸展沧龙、板片沧龙、上新板片沧龙	体重不详
年代	**分布**
白垩纪晚期	北美、日本
八千五百万至六千五百万年前	

楯齿龙类和幻龙类

楯齿龙类和幻龙类都属于海栖爬行动物，共同组成分支群，并隶属于更大的蜥鳍类群。这两类动物体形较小，大多数的体长约为1米。据推测，这两类动物主要分布于三叠纪时的今欧洲、北非和亚洲的温暖浅海中。

无齿龙是楯齿龙类的一种

楯齿龙类

楯齿龙类的全长2～3米，其头部较宽阔，颈部较短，身体上部和头顶均有保护甲，上颌及下颌后部生有宽大的磨石状牙齿，而前部的牙齿变长并向前伸出。楯齿龙类的骨头和骨盾都很厚重，可以使楯齿龙类在觅食时待在海底。它们一般在浅海中缓慢地游动，觅食海底的牡蛎等贝壳类动物，用巨大的牙齿将这些动物咬碎，然后吐出贝壳碎片，吞下鲜肉。

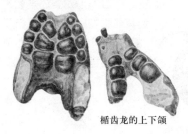

楯齿龙的上下颌

为了使小幻龙顺利出生，雌幻龙必须到岸上高处产卵

幻龙类

幻龙类是两栖类的掠食动物，其化石主要发现于欧洲和中东地区。幻龙的颈部比较长，所以它那长着尖牙的脑袋和颈部相比显得很细小。幻龙身体的后半部分呈流线型，四肢具有脚趾和蹼。古生物学家根据这个特征推测出，幻龙会经常到陆地上进行交配和生产。像大多数原始爬行动物一样，幻龙类有一条灵活的长尾巴，幻龙会通过尾巴的上下摆动而向前游动。

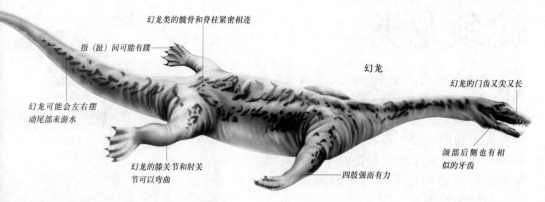

幻龙类的髋骨和脊柱紧密相连

指（趾）间可能有蹼

幻龙

幻龙的门齿又尖又长

幻龙可能会左右摆
动尾部来游水

幻龙的膝关节和肘关
节可以弯曲

颌部后侧也有相
似的牙齿

四肢强而有力

幻龙类的生活形态

幻龙类的生活习性可能与今天的海豹非常像，它们都在海里捕鱼，在陆地上休息。幻龙类属于伏击捕食者，以鱼、头足动物和小型爬行动物为食。幻龙类的繁殖生产行为可能发生在陆地上，雌幻龙必须要到高于潮水所能到达的陆地上产卵，否则，它们的卵就会被淹没在海水中。而雄幻龙很可能会到紧靠雌幻龙前往繁殖的海滩附近等待，在浅水水湾里与雌幻龙交配。

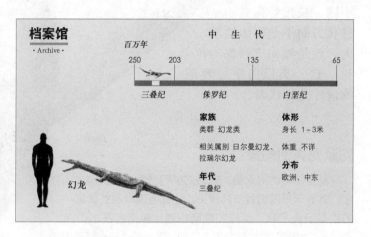

档案馆
· Archive ·

中 生 代

百万年

250   203   135   65

三叠纪   侏罗纪   白垩纪

家族
类群 幻龙类

相关属别 日尔曼幻龙、
拉瑞尔幻龙

年代
三叠纪

体形
身长 1~3米
体重 不详

分布
欧洲、中东

幻龙

幻龙的"喷嚏"

当幻龙爬到岸上来时，它总会时不时地从鼻孔中喷出一股股水雾，就像打喷嚏一样。这是因为幻龙在陆地上进食时，所吃入的盐实际上要比在海中多，这种盐量是它的身体所承受不起的，所以它会通过体内的一个腺体吸收血液中过量的盐分，然后再将这些过量的盐喷射出去。

胡氏贵州龙

人们在中国的贵州、湖北、四川、广西等地区也曾发现过幻龙化石，其中尤以在贵州兴义县发现的幻龙最为著名，因为那里的薄层状灰岩中的幻龙化石数量之丰富、个体保存之完整，在世界上都是罕见的。胡氏贵州龙体形较小，一般体长25厘米左右，个体最大也不过50多厘米。它的头长约为颈长的2/5，头骨较小，呈三角形，上面有一个豆状的小颞颥孔。它的眼睛大而有神，鼻的前端有一对很小的鼻孔，嘴里长满了针尖般的牙齿。

蛇颈龙类

蛇颈龙类是生活在水中的大型肉食性爬行动物，按照颈部的长短，蛇颈龙可以分为短颈蛇颈龙和长颈蛇颈龙两种。短颈蛇颈龙具有大而长的头骨，而长颈蛇颈龙则具有小而短的头骨。短颈蛇颈龙是比较原始的类型，以侏罗纪的平滑侧齿龙和白垩纪的长头龙为代表。和短颈蛇颈龙不同，长颈蛇颈龙的进化方向不是躯体的增大，而是倾向于颈部的拉长，这一类以白垩纪晚期的薄片龙为代表。

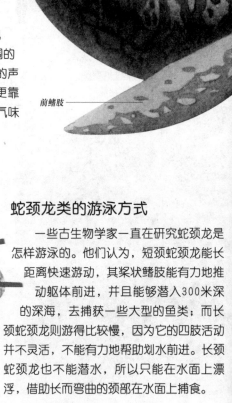

扁鼻龙属于长颈蛇颈龙
类，颅骨相对较小

尾巴

躯干

后鳍肢

前鳍肢

蛇颈龙类的颅骨

从身体的比例来看，蛇颈龙类的颅骨相对较小。它们的眼球周围有骨质环保护，由此可以推测蛇颈龙的眼球呈扁平状，这样的眼睛构造比较适合在水中视物。人们发现有些蛇颈龙还有耳骨，这类骨头已经和周围的颅骨愈合，表示它们的耳朵并不适合侦测经由空气传导的声波。蛇颈龙类的内鼻孔的位置比口鼻部外侧的两个鼻孔更靠前方。这表明水会流经其口鼻部进入内部鼻孔，在此处气味微粒被嗅测后，又向外流经外鼻孔后流出颅骨。

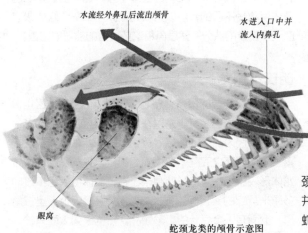

水流经外鼻孔后流出颅骨

水进入口中并流入内鼻孔

眼窝

蛇颈龙类的颅骨示意图

蛇颈龙类的游泳方式

一些古生物学家一直在研究蛇颈龙是怎样游泳的。他们认为，短颈蛇颈龙能长距离快速游动，其桨状鳍肢能有力地推动躯体前进，并且能够潜入300米深的深海，去捕获一些大型的鱼类；而长颈蛇颈龙则游得比较慢，因为它的四肢活动并不灵活，不能有力地帮助划水前进。长颈蛇颈龙也不能潜水，所以只能在水面上漂浮，借助长而弯曲的颈部在水面上捕食。

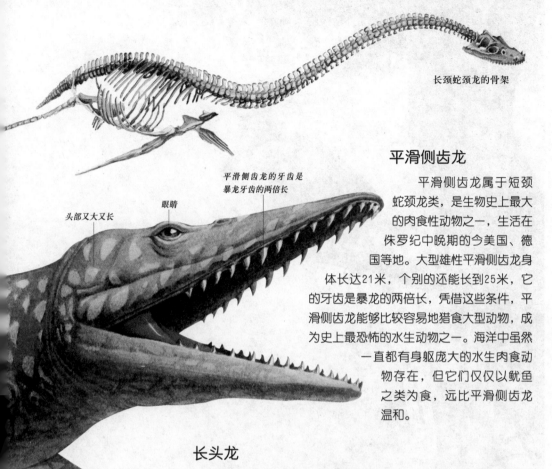

长颈蛇颈龙的骨架

平滑侧齿龙的牙齿是
暴龙牙齿的两倍长

头部又大又长　　眼睛

平滑侧齿龙

平滑侧齿龙

平滑侧齿龙属于短颈
蛇颈龙类，是生物史上最大
的肉食性动物之一，生活在
侏罗纪中晚期的今美国、德
国等地。大型雄性平滑侧齿龙身
体长达21米，个别的还能长到25米，它
的牙齿是暴龙的两倍长，凭借这些条件，平
滑侧齿龙能够比较容易地猎食大型动物，成
为史上最恐怖的水生动物之一。海洋中虽然
一直都有身躯庞大的水生肉食动
物存在，但它们仅仅以鱿鱼
之类为食，远比平滑侧齿龙
温和。

长头龙

长头龙是短颈蛇颈龙类中的一员，分布在白垩纪时期的今澳
大利亚和南美洲地区。长头龙的吻部又长又尖，嘴里长满大而尖利
的牙齿。其鳍肢比较宽厚，后鳍肢比前鳍肢要大，由厚重的肌肉组
成。此外，它还有一条短而尖的尾巴，据推测，这样的尾巴可能并
不是用来游泳的。

薄片龙

薄片龙是体形最大的长颈
蛇颈龙，生活在白垩纪晚期，
其化石主要分布在美国、俄罗
斯和日本。薄片龙一般全长14
米左右，颈长7米以上，其身
体扁平，四肢呈鳍状，尾部较
短，能灵活地在海水中游泳，
也能爬到岸上活动。薄片龙的
生活方式与今天的海豹、海狮
和海象等动物相像，它会终日
贴近水面缓缓游动，利用长长
的颈部袭击鱼群。

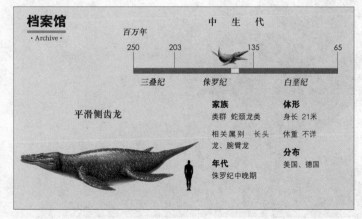

档案馆
· Archive ·

中　生　代

百万年

250	203		135	65
三叠纪	侏罗纪		白垩纪	

平滑侧齿龙

家族
类群　蛇颈龙类

相关属别　长头
龙、腕龙

年代
侏罗纪中晚期

体形
身长　21米

体重　不详

分布
美国、德国

231

第十章　与恐龙同时代的动物（二）

Dishizhang

　　这一章讲述的是与恐龙同时期的鸟类。鸟类是脊椎动物中最成功的飞行者，依据其缩小的尾部和独特的足部等骨骼细部构造可将鸟类与其他动物逐一区别。虽然所有的鸟类都有羽毛，羽毛却不是鸟类的独有特征，因为非鸟的兽足类恐龙（如尾羽龙等）也有羽毛。鸟类的演化经历了漫长的时间，始祖鸟是已知最古老的鸟类，其化石是1862年在德国的巴伐利亚石灰岩层中被发现的。白垩纪时的鸟类，如黄昏鸟，它的形状已和现代鸟类中的潜鸟很相像了。到了新生代时，鸟类已经进化到现代鸟类阶段，此后7000万年的时间中，其构造已无多大变化，只是更趋完善，更能适应各种生态环境。

始祖鸟

始祖鸟是已知最早的鸟类，也是世界公认的鸟类始祖。约一亿五千万年前，它们在热带的沙漠岛屿上繁衍生息。从1855年至1992年，人们总计发现了七件始祖鸟的化石骨架。始祖鸟的大小如乌鸦，还保留了爬行类的许多特征，但另一方面，它长有羽毛，而且有了初级飞羽、次级飞羽、尾羽以及复羽的分化，这些又是现生鸟类的基本特征。

双翅前缘有指爪，爪尖有角质构造

修长的口鼻部长有锐利的小齿，齿向后弯曲

始祖鸟的外形

始祖鸟体长约60厘米，头部灵活，颈部瘦长，身体比较短，尾巴长而硬挺。它们的双臂和前肢上都长有羽毛，长尾上同样也有羽毛，拇指则朝向后方，很像树栖型鸟类。不过，这种动物还长有利齿，不但翅膀上有爪，后趾末端也有尖利而弯曲的爪，而且长有骨质尾椎，这些特征和小型肉食性恐龙很像。如果把始祖鸟当作恐龙的一员，那么它显然属于手盗龙类，并与奔龙类群关系密切。

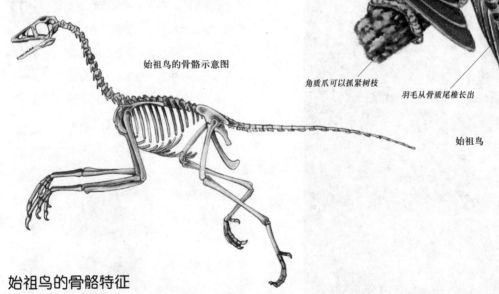

始祖鸟的骨骼示意图

角质爪可以抓紧树枝

羽毛从骨质尾椎长出

始祖鸟

始祖鸟的骨骼特征

始祖鸟的喙部不是像现代鸟类那样的角质喙，而是长满了牙齿，除此之外，它还有一条由21节尾椎组成的长尾巴。始祖鸟的第三掌骨已经与腕骨愈合，但第一和第二掌骨尚未愈合，一些科学家认为这正反映了鸟类的掌骨愈合成腕掌骨的开始。这种最早的鸟类的骨骼是中空的，内部还没有气窝。正是因为这些鸟类特征是在爬行类的特征基础之上进化而来的，所以有人将鸟类戏称为"美化了的爬行动物"。

始祖鸟羽毛的压痕

始祖鸟的羽毛

　　在人们发现的始祖鸟的化石中，也包括其羽毛的痕迹化石。这种一亿五千万年前的动物曾在质地细密的巴伐利亚泥质石灰岩中留下了纤细的羽毛压痕。兽脚类恐龙的羽毛可能是由杂乱的保暖绒羽进化而成，最早的长羽毛可能只是用于求偶炫耀。而始祖鸟的初级飞羽则是用来飞行的，所以每片飞羽的羽柄都偏向一侧，就像今天的飞行鸟类的羽毛一样，这种不对称的羽毛是飞行所必需的。

始祖鸟的飞行方式

　　始祖鸟可以向下拍翅或跃上半空，却不可能飞得快而远，这是因为它们的胸骨太小，无法附着强健的飞翔肌肉。科学家们推断，始祖鸟会用爪子爬到树上，再用很微弱的力量飞回地面。不过始祖鸟当初所栖居的沙漠岛屿并没有高大的树木，所以始祖鸟也有可能是在奔跑中追逐昆虫，跃上半空将其捕捉，接着便凌空拍翅。它们的下拍动作可能进化自其祖先捕捉猎物时的双掌伸展动作，后来结合羽毛发展出了崭新的功能。

一只始祖鸟正奔跑着追逐昆虫

飞行时，尾部羽毛可以保持平衡

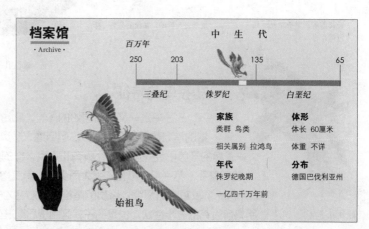

档案馆
· Archive ·

中　生　代

百万年

250	203		135	65
三叠纪	侏罗纪		白垩纪	

家族
类群　鸟类

相关属别　拉鸿鸟

年代
侏罗纪晚期

一亿四千万年前

体形
体长　60厘米

体重　不详

分布
德国巴伐利亚州

始祖鸟

早期鸟类

大多数古生物学家认为鸟类是由兽脚类恐龙进化而成的，尽管人们已经发现了许多化石，但有关鸟类进化过程仍有许多疑问无法解答。在鸟类进化过程中，羽毛的进化是关键的一步，它使得奔跑的、爬行的动物变成了飞行的动物。到了白垩纪晚期，鸟类已经成功地在世界各地生活了。

孔子鸟

孔子鸟是世界上已知的最早有喙的鸟类，于1.2亿年前的白垩纪早期分布于中国东北地区。在已经发现的所有鸟类化石中，孔子鸟仅仅比始祖鸟进步，而在总体上比其他任何一种鸟类都原始。孔子鸟出现的时间比始祖鸟稍晚，飞行能力比祖鸟要强，而且后肢更适合于攀缘树木，但是它和现生鸟类的起源没有直接的关系。孔子鸟包括圣贤孔子鸟和杜氏孔子鸟。

飞羽的构造相当适合飞行

尾羽从愈合的尾综骨长出

无齿嘴喙上覆盖着角质鞘

每边翅膀上都有三根带弯爪的指头

长长的尾羽是雄性孔子鸟所特有的

趾爪是反转的，和现生鸟类一样

雄性孔子鸟

孔子鸟的特征

孔子鸟是一种相对原始的鸟类，它翅膀上的利爪还相当发达，而且手指的指节数量也没有减少。但与绝大多数的中生代早期鸟类不同的是，孔子鸟的牙齿已经完全退化，具有和鸟类一样的角质喙；肱骨近端有一个比较大的气囊孔，第一指骨爪特别强大而尖利，第二指骨爪收缩；胸骨较大，呈片状，并有一个较短的后侧突；骨质的尾椎已经愈合为一根较短的尾综骨。这些都是始祖鸟所没有的进步性状，也是孔子鸟区别于后期进化鸟类的重要特征。

雌性孔子鸟

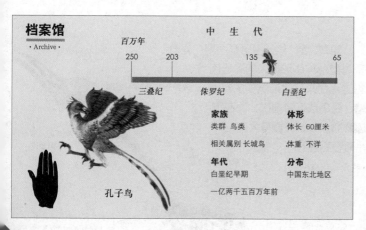

中 生 代

百万年

| 250 | 203 | 135 | 65 |

三叠纪　　　侏罗纪　　　白垩纪

家族
类群 鸟类

相关属别 长城鸟

年代
白垩纪早期

体形
体长 60厘米

体重 不详

分布
中国东北地区

一亿两千五百万年前

孔子鸟

孔子鸟的生活形态

从人们已经发现的化石来看，孔子鸟的飞行能力比始祖鸟要强。由于孔子鸟的指爪很长，而且后肢结构也更适合于攀缘树木，所以人们认为它应该属于栖息在树上的鸟类。其中有些体形较大、尾部还长着两根极长的漂亮尾羽的个体，可能是雄鸟；其他体形较小，有着短尾巴的可能是雌鸟。

孔子鸟的化石

孔子鸟可能已经成为知名度仅次于始祖鸟的化石鸟类，这不仅归功于其特有的原始和进步特征的组合，而且还由于在短短的几年间，古生物学家在中国发现了成百上千件孔子鸟的化石标本，在这些化石中，还有雌雄个体在同一块石板上的现象。如此众多的鸟类化石标本完整的保存，恐怕在世界上也是绝无仅有的。这种大量个体的集中保存，一方面与集群死亡有关；另外一方面，可能还表明孔子鸟具有集群生活的特点。

圣贤孔子鸟
复原图

阿佛瑞兹龙

虽然长有羽毛，但不能飞行

前肢短小

腿部很长

鸟类的亲戚——阿佛瑞兹龙类群

阿佛瑞兹龙类群生活于白垩纪后期，是1991年被命名的，其名称依据发掘地Alvarez而来。阿佛瑞兹龙长有长腿及羽毛，不能飞行，嘴喙里有细小的牙齿，胸骨有突脊，腕骨则和手骨愈合，可以为飞行提供强力的支持。阿佛瑞兹龙类群曾经被以为是不能飞行的原始鸟类，但是后来它们被归入真正鸟类的亲缘类别，因为它们有短得不成比例的前肢，以及很大的指掌和强健的指爪，这些特征和早期鸟类比较相近。

黄昏鸟

黄昏鸟也是早期鸟类的成员，已知有7属13种，白垩纪后期广泛分布于今美国的堪萨斯州地区。黄昏鸟是一种体形庞大的海栖肉食长颈海鸟，由更早期的飞行动物进化而来，逐渐演变成游泳健将及捕鱼能手，可能群居在海域、海岛或近海地区，而在筑巢、孵化期集群北迁。除了在岸边孵卵以外，黄昏鸟大部分时间都在水上度过，捕食鱼类、菊石和箭石。

黄昏鸟的骨骼示意图

窄长的尖嘴内有
细小的牙齿

颈部脊椎骨撑起
极长的头部

夹板状的肩胛骨上有不
能飞行的细小变翼

黄昏鸟的外形

黄昏鸟的体长可达1.5米，站立起来大概高达1米。这种早期鸟类覆盖着羽毛的身躯很光滑，有着长长的嘴喙，其上、下颌骨的凹槽中长有许多小而尖利的牙齿，但口的前端没有牙齿，可能正在形成角质的喙部。黄昏鸟是一种潜鸟，这表现在它的翅膀几乎已经完全退化了，仅剩有肱骨在潜水时起驾驶作用。黄昏鸟的后肢很强壮，在踝部横向扩展，可以有力地划水游泳，其胸骨无龙骨突。

身体延伸加长，还有很长的髋骨

双腿很靠后，行
走相当不方便

黄昏鸟很难适应岸上的生活

黄昏鸟的生活形态

黄昏鸟生活在温带海洋中，繁殖时才上岸。它们在岸上显得笨拙而脆弱，所以会选择别的动物难以接近的多石地形聚集在一起以寻求安全。黄昏鸟大部分时间都漂浮在海面上，通过游泳和漂流进行长途旅行。它们是快速的游泳者，进行短时间潜水来捕食鱼类和其他经过的猎物。由于黄昏鸟不能飞也不能步行，水中的鲨鱼和蛇颈龙、岸上的恐龙和翼龙都可能对它们造成威胁。

始小羽翼鸟

始小羽翼鸟体形大小如麻雀，在白垩纪早期分布于今西班牙地区，1996年被正式命名。始小羽翼鸟是已知最早从拇指长出一簇羽毛的鸟类，它的主翼前缘伸出一片小翼，可用于在空中低速滑翔，并顺利着陆及栖居树上。始小羽翼鸟比孔子鸟和其亲缘种类更强壮，也更能机动飞行。不过，始小羽翼鸟属于鸟类进化旁支，并不属于进化出现代鸟类的主流支序，甚至可能不是温血动物。

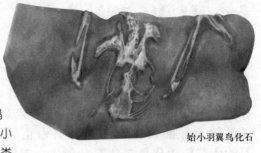

始小羽翼鸟化石

此为发现于日本北海道的鱼鸟化石

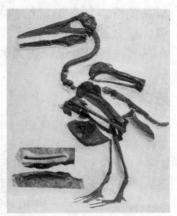

鱼鸟

鱼鸟也是生存于白垩纪的鸟类，其化石产自美国堪萨斯州的海相地层。从鱼鸟的化石骨骼来看，这是飞翔于空中的最古老的鸟类之一。虽然这种鸟类还有着爬行类的牙齿，但其翼骨已经和现代的鸟类一样融合为一根，胸骨也已经形成了。鱼鸟的体形与现在的鸽子比较相似，一般过着群居的生活，似乎以吃鱼类为生。

研究早期鸟类化石有助于了解现今鸟类的起源与进化

中国的早期鸟类化石

由于鸟类善于飞翔、骨骼轻，所以能保存下来的鸟类化石并不多。而在中国发现的早期鸟类化石在数量上超过了世界上其他地区发现的总和。中国的早期鸟类化石主要分布在辽宁的西部地区，这可能是因为当时中国北方尤其是辽西地区气候温暖湿润，河湖星罗棋布，植物异常茂盛，给动物的生长发展创造了得天独厚的生态环境，很适宜鸟类生存。

档案馆
· Archive ·

中 生 代

百万年

250　　　203　　　135　　　65

三叠纪　　　侏罗纪　　　白垩纪

黄昏鸟

家族	**体形**
类群 鸟类	体长 1.5米
相关属别 不详	体重 不详
年代	**分布**
白垩纪后期	美国堪萨斯州

新鸟类群

鸟类在整个新生代不断进化，历经多样性变异而成为几乎可以适应全世界各种栖息地的不同种类。活跃于新生代的无数种鸟都没有存活到今天，到目前为止所发现的所有新生代鸟类化石和现生鸟类同属于新鸟类群。新鸟类群的独特标志是具有无齿的角质嘴喙、愈合的骨以及效率很高的四腔室心脏，这种心脏在鸟类飞行时有助于肌肉做高速运动。

早期的恐鸟和奇异鸟

恐鸟

出现在第三纪的恐鸟属于新鸟类群。恐鸟是世界上体积最大的鸟类，平均身高有3米，但是它不能飞行。虽然这种鸟类的上肢和鸵鸟一样退化了，但是它的身躯肥大，下肢粗短，所以奔跑能力远不及鸵鸟。恐鸟除了腹部长着黄色羽毛之外，其他地方的羽毛全部是黄黑相间的。科学家们在2001年证明，分布于今新西兰的恐鸟和分布于今马达加斯加的巨大隆鸟，都和美洲鸵鸟、非洲鸵鸟等现生鸟类拥有共同的祖先。到1850年前后，恐鸟才灭绝。

恐鸟一直生活到1850年左右，因人们的猎杀而走向灭亡。这是保存下来的恐鸟足部

恐鸟的生活形态

恐鸟主要栖息在新西兰地区。古生物学家们通过分析它们的躯体构造，认为恐鸟主要吃植物的叶、种子和果实。它们的砂囊里可能有重达3千克的石粒帮助磨碎食物。恐鸟栖息于丛林中，每次繁殖只产一枚卵，卵可长达250毫米，宽达180毫米，像特大号的鸵鸟蛋。但它们不做巢，只是把卵产在地面的凹处。恐鸟在生活中实行一夫一妻制，只有在其中一只死去时，另一只才去另寻配偶，这和很多现生鸟类的生活方式是一样的。

华丽阿根廷鸟

华丽阿根廷鸟可能是地质史上最大的具有飞行能力的鸟类，其化石发现于1979年。华丽阿根廷鸟的翼展可达7.6米，远远超过一度被认定是能飞行的鸟类的翼展尺寸上限。华丽阿根廷鸟的头部、颈部可能都是裸露无羽毛的，这样它们将头探入动物尸体深处时就不会弄脏羽毛了。这种庞大的鸟类属于畸鸟类群，也就是说，它是今天美洲境内红头美洲鹫的亲缘种类。

华丽阿根廷鸟的生活形态

从已经发现的化石来看，华丽阿根廷鸟体形虽然庞大，但是其双足却脆弱无力，应该无法抓住猎物由地面起飞。所以古生物学家们推测，这种巨型鸟类可能会采取高空翱翔的方式，然后俯冲而下，扑抓在地表觅食的猎物，然后就地杀死猎物并进食，但是在没有找到合适的猎物的时候，它们也有可能以动物的死尸为食。

华丽阿根廷鸟

隆鸟

隆鸟又叫象鸟，是一种善于奔跳而不会飞的巨鸟，主要生活在马达加斯加岛的森林中。隆鸟身躯健硕，脖子很长，小小的脑袋上有圆钝的喙。隆鸟的前肢已经退化，只留下很小的翅膀，羽毛同鸸鹋的非常相似，其后肢粗壮有力，长着两只大大的脚趾。隆鸟是早期鸟类向大型化发展的代表，它同岛上的其他动物和谐地生存了很长一段时期，于1649年灭绝。

现生的奇异鸟

档案馆
· Archive ·

			新 生 代				

百万年

65　53　33.7　23.5　5.3　1.75　0.01　现在

古新世　始新世　渐新世　中新世　上新世　更新世　全新世

家族	体形
类群 鸟类	身高 3米
相关属别 隆鸟	体重 不详
年代	分布
上新世	新西兰南部

恐鸟

图书在版编目(CIP)数据

权威恐龙大百科 / 邢卓主编 . —成都：天地出版
社，2017.4（2021.12重印）
　（悦读库）
ISBN 978-7-5455-2488-8

Ⅰ . ①权… Ⅱ . ①邢… Ⅲ . ①恐龙—青少年读物
Ⅳ . ①Q915.864-49

中国版本图书馆CIP数据核字（2017）第026468号

QUANWEI KONGLONG DA BAIKE

权威恐龙大百科

出 品 人	杨　政
主　　编	邢　卓
责任编辑	陈文龙　李　蕊
责任印制	董建臣　张晓东

出版发行	天地出版社
	（成都市槐树街2号　邮政编码：610014）
	（北京市方庄芳群园3区3号　邮政编码：100078）
网　　址	http://www.tiandiph.com
电子邮箱	tianditg@163.com
经　　销	新华文轩出版传媒股份有限公司

印　　刷	水印书香（唐山）印刷有限公司
版　　次	2017年4月第1版
印　　次	2021年12月第5次印刷
开　　本	720mm×1020mm　1/16
印　　张	15.75
字　　数	252千字
定　　价	25.00元
书　　号	ISBN 978-7-5455-2488-8